강미선쌤의 개념 잡는

약수와 배수 비법

강미선 지음

하우매쓰

강미선쌤의 개념 잡는 약수와 배수 비법

1판 1쇄 발행 2019년 7월 20일
1판 2쇄 발행 2022년 4월 7일

지은이 강미선
발행인 강미선
발행처 하우매쓰 앤 컴퍼니
편집 이상희 | **디자인** 남상원 | **일러스트** 조아영 | **마케터** 양경희
등록 2017년 3월 16일(제2017-000034호)
주소 서울시 영등포구 문래북로 116 트리플렉스 B211호
대표전화 (02)2677-0712 | **팩스** 050-4133-7255
전자우편 upmmt@naver.com

ISBN 979-11-967467-1-1(63410)

차례

약수와 배수 비법의 특징

1. 수학적 원리를 바탕으로 일관성 있게 전개됩니다.

《약수와 배수 비법》에 담긴 개념 설명은, 두 자연수를 곱한 결과가 이 두 자연수의 배수이며, 두 자연수 각각은 곱한 결과의 약수라는 개념을 바탕으로 일관성 있게 전개됩니다. 따라서 《약수와 배수 비법》으로 공부하면 약수와 배수에 대해 확실하게 이해할 수 있습니다.

2. 시각적인 설명으로 수학적 이해를 높입니다.

《약수와 배수 비법》은 시각적인 도구를 사용해서 설명합니다. 글로 된 설명이 너무 길거나 복잡하면 일단 '어렵겠다.', '재미없겠다.'는 생각부터 들지만 그림으로 설명하면 '쉽겠는데?', '별거 아니네.' 하는 생각이 듭니다. 그림을 보면서 직관적으로 문제를 해결할 수 있고, 머릿속에 그 과정을 사진 찍듯이 기억하기도 쉽습니다. 도형이 수나 연산과 별개라는 편견도 사라지게 됩니다. 따라서 《약수와 배수 비법》으로 공부하면 약수와 배수에 대한 이해는 물론, 흥미를 높이고 문제 해결력도 키울 수 있습니다.

3. 직사각형을 사용해서 설명하고 문제도 해결합니다.

《약수와 배수 비법》에서는 직사각형 그림이 등장합니다. 학생들이 약수와 배수를 어려워하는 이유는 약수의 의미와 배수의 의미, 그리고 약수와 배수의 관계를 잘 이해하지 못하기 때문입니다. 그 관계를 확실히 이해해야 문장제나 응용문제도 해결할 수 있습니다. 처음 약수와 배수를 배우는 학생들이 겪는 혼란을 완화시켜 주려면, 직사각형이라는 하나의 모델을 제시하는 것이 좋습니다.

따라서《약수와 배수 비법》으로 공부하면 혼란스럽지 않게 약수, 배수의 개념과 관계를 잘 받아들일 수 있습니다.

4. 영역을 넘나들며 개념을 서로 연결합니다.

《약수와 배수 비법》은 수학적으로 서로 연결된 내용을 쉽고 자연스럽게 익히도록 합니다. 이미 배운 직사각형의 넓이 공식을 활용해서 설명하기 때문에, 약수와 배수의 관계를 쉽게 이해할 수 있습니다. 또한, 자연수 곱셈과 나눗셈을 할 때 사용한 직사각형 그림을《약수와 배수 비법》에서도 사용하기 때문에 약수와 배수가 낯설지 않습니다. 따라서《약수와 배수 비법》으로 공부하면 수학의 여러 영역이 사실은 서로 연결되어 있다는 것을 자연스럽게 깨달을 수 있습니다.

5. 초등 수학과 중학 수학을 연결해서 학습할 수 있습니다.

《약수와 배수 비법》에는 초등학교 수학 교과서에서 간단히 다루고 넘어가는 두 수의 최대공약수와 최소공배수를 구할 때 세로셈으로 하는 이유가 자세히 설명되어 있습니다. 이를 통해 아이들은 중학교 수학 교과서에서 두 수의 최대공약수와 최소공배수를 구할 때 왜 기계적인 방식으로 구하는지를 알 수 있습니다.

따라서《약수와 배수 비법》으로 공부하면 초등학교 과정을 쉽게 터득하고 중학교 과정의 약수와 배수는 물론, 소인수와 소인수분해에 대해서 수월하게 터득할 수 있습니다.

약수와 배수 비법에 담긴 수학적 원리

● 도형을 사용한 시각적인 설명 ●

약수와 배수는 자연수(1에서 시작해 1씩 커지는 수)의 세계에서만 성립하는 관계입니다.

두 자연수끼리 서로 곱해서 12를 만든다는 것은 두 변의 길이가 자연수인 직사각형의 넓이가 12라는 것과 같습니다. 이런 경우는 몇 가지나 될까요?

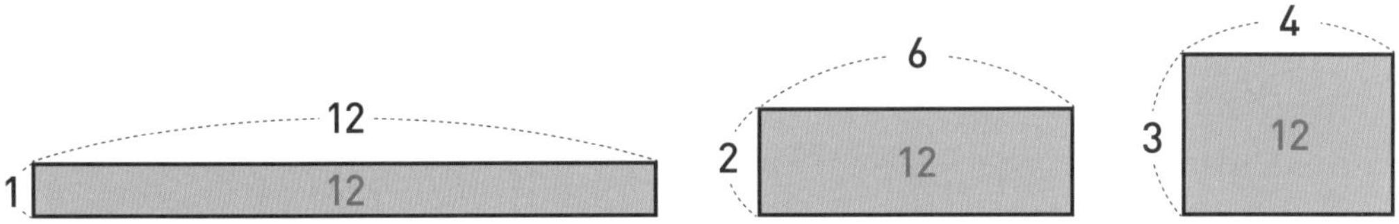

직사각형을 직접 그려 보면 이렇게 3가지뿐이라는 것을 쉽게 알 수 있습니다.

자연수에 자연수를 곱하는 것은 처음 수의 배수를 만드는 과정입니다. 이 과정을 언제까지 할 수 있을까요?

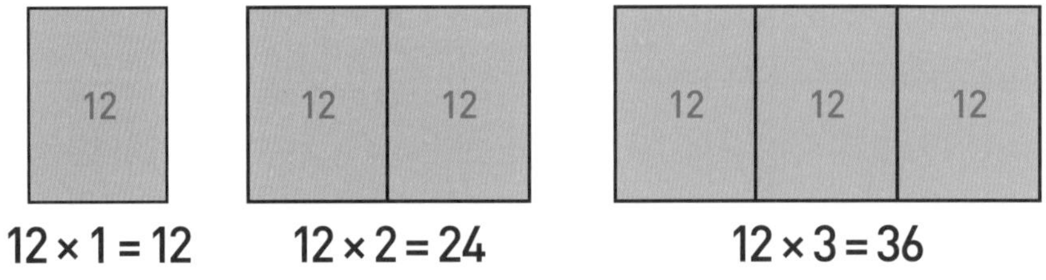

직사각형을 직접 그려 보면 끝이 없다는 것을 쉽게 알 수 있습니다.

하나의 직사각형에서 변의 길이는 약수가 되고, 넓이는 배수가 되는 것입니다.

이를 통해 약수와 배수가 서로 역관계에 있다는 것을 자연스럽게 이해할 수 있습니다.

이때, $\frac{8}{3}$과 $\frac{9}{2}$를 서로 곱하면 12가 되지만, $\frac{8}{3}$과 $\frac{9}{2}$를 12의 약수라고 하지 않고, 12를 $\frac{8}{3}$과 $\frac{9}{2}$의 배수라고도 하지 않습니다. $\frac{8}{3}$과 $\frac{9}{2}$는 자연수가 아니기 때문입니다.

● 역사 발생적 원리 ●

수학 개념과 원리의 발생 과정을 아이들 수준에 맞게 보여 주며 가르치는 방법을 '역사 발생적 원리'라고 합니다. 《약수와 배수 비법》에서는 〈유클리드 호제법〉을 도형에 적용합니다. 즉, 직사각형의 두 변 중에서 긴 변을 계속 잘라 내면서 정사각형을 만드는 다음과 같은 과정을 통해 두 수의 최대공약수를 구합니다. 이때 정사각형으로 잘라 내는 이유는 〈유클리드 호제법〉에 따라 두 수의 공통 약수를 찾기 위해서입니다.

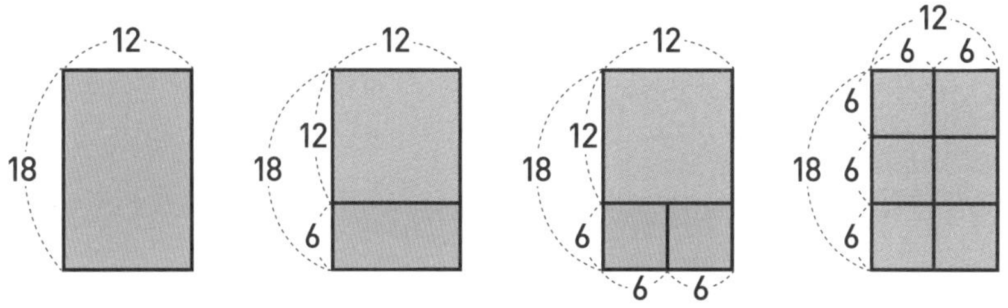

그리스 수학자 유클리드가 기원전 300년경에 쓴 《원론》에서 두 수의 최대공약수를 구하는 방법으로 제시한 〈유클리드 호제법〉은 다음과 같습니다.

〈유클리드 호제법(Euclidean algorithm)〉

두 개의 자연수 a, b에 대해서 a를 b로 나눈 나머지를 r이라 하면(단, a>b), a와 b의 최대공약수는 b와 r의 최대공약수와 같다는 성질에 따라, b를 r로 나눈 나머지 r'를 구하고, 다시 r을 r'로 나눈 나머지를 구하는 과정을 반복하다가 나머지가 0이 되었을 때 나누는 수가 a와 b의 최대공약수이다.
예를 들면, 12와 18의 최대공약수를 구하기 위해,

- 두 수 중에서 큰 수인 18을 12로 나누어 나머지를 구한다. 나머지는 6.
- 다음으로 12를 6으로 나누어 나머지를 구한다. 나머지는 0.
- 따라서 최대공약수는 6이다.

《약수와 배수 비법》에서는 이런 역사 발생적인 원리에 바탕을 둔 방법을 통해 수학을 자연스럽게 이해하며 학습하도록 돕습니다.

학부모님께

1. 첫 약수와 배수 교재로 사용해 주세요.

"우리 아이는 연산은 좋아하는데 도형은 싫어해요."라거나, "곱셈과 나눗셈은 잘하는데 최대공약수와 최소공배수 구하는 것을 어려워해요."라는 부모님들이 있습니다. 또, "초등학교 수학은 잘하고 있는데 중학교 수학도 잘할는지 걱정돼요."라거나 "중학교 수학은 초등학교 수학과 차원이 다르다면서요?"라고 걱정하는 부모님들도 있습니다.

처음에 잘 배워 두면 갈수록 쉬운 것이 수학입니다.

이 교재는 결론부터 제시하지 않고 과정을 친절하게 보여 주며 수학적으로 생각하는 힘을 키워 주기 때문에 아이들이 처음 약수와 배수 개념을 배우기에 좋습니다.

2. 지금 잘 배워 두면 나중에 쉬워진다고 이야기해 주세요.

수학은 서로 연결되어 있습니다. 곱셈과 나눗셈이 연결되어 있고, 나눗셈과 약수가 연결되어 있으며, 초등 수학과 중학 수학이 연결되어 있습니다. 서로 연결되기 때문에, 지금 막 배운 것을 잘 알아 두면 다음에 살짝 새로운 내용이 나올 때 쉽게 익힐 수 있습니다. 《약수와 배수 비법》은 자연수 개념과 연산 원리를 바탕으로 약수, 배수 개념과 최대공약수, 최소공배수를 구하는 방법을 알려 주는 교재입니다. 이런 식으로 수학의 모든 단원과 학년을 서로 연결해서 학습하면 수학이 쉬워집니다.

3. 아이가 직접 그림을 그리면서 익히게 해 주세요.

《약수와 배수 비법》에는 그림을 그리는 과정이 들어 있습니다. 그림 그리기를 번거롭게 생각해서 생략하지 마시고 적극적으로 활용해 주세요. 어른들은 말로 설명하는 것이 그림 그리기보다 간단하게 느껴지지만, 받아들이는 아이들 입장에서는 말보다는 그림이 더 쉽습니다. 그림 그리기를 귀찮아하거나 유치하게 생각하는 아이들도 있는데, 처음에는 좀 번거롭더라도 자꾸 그림을 그리면서 이해하게 해 주세요. 그러다 보면 그 그림이 머릿속에 들어가서 이해가 확실히 되고, 다른 친구들이 헷갈려 하는 문제도 쉽게 해결하는 신기한 경험을 하게 될 것입니다.

4. 교재를 융통성 있게 활용해 주세요.

아이들 각자의 성향이 다르듯이, 아이들마다 수학 학습 방법도 다릅니다.

따라서 아이의 수학 학습 성향에 따라 유연하게 이 교재를 사용해 주시기를 바랍니다. 아이가 집중력이 있는 편이고 앉은 자리에서 계속 풀기를 원하면 아이가 그만하겠다고 할 때까지 1단계에서 4단계까지 본문을 중심으로 진도를 나가도 됩니다. 각 단계의 예시문제와 도전문제 몇 개만 풀어 보아도 금세 원리를 터득하는 아이들은 연습문제를 나중에 스스로 풀 수 있기 때문입니다.

일반적인 아이들은 양을 정해서 차근차근 진도를 나가게 해 주세요. 한 권을 마스터하는데, 각 단계당 주 1~2회씩 4주 정도의 진도를 권합니다.

이 책의 비법들은 언뜻 보기에 대수롭지 않아 보입니다. 단계를 따라 풀다 보면 그냥 술술 풀리기 때문에, 학생들은 자신이 스스로 개념과 원리를 터득했다고 생각하게 됩니다. 아이들이 가장 어려워하는 개념이나 문제들을 꼼꼼히 분석하여, 심리적인 부담을 느끼지 않으면서도 술술 풀 수 있도록 치밀하게 구성되어 있기 때문입니다.

부디 이 교재가 초등학교에서 배우는 약수와 배수 개념을 탄탄하게 해 주고, 중학교에 올라가서 약수와 배수를 다시 배울 때 두려움 없이 자신감 있게 공부하기 위한 밑거름이 되기를 바랍니다.

강미선

약수가 뭘까?

[1] 직사각형으로 약수 구하기

[2] 나눗셈으로 약수 구하기

1 약수가 뭘까?

[1] 직사각형으로 약수 구하기

넓이가 12인 직사각형의 변을 구하는 과정을 통해 약수를 알아봅시다.

예시문제

넓이가 12이고 모양이 서로 다른 직사각형을 모두 그린 다음, 넓이를 구하는 곱셈식을 쓰세요.(단, 변의 길이는 자연수)

1단계 **넓이가 12인 직사각형 모두 그리기(단, 변의 길이는 자연수)**

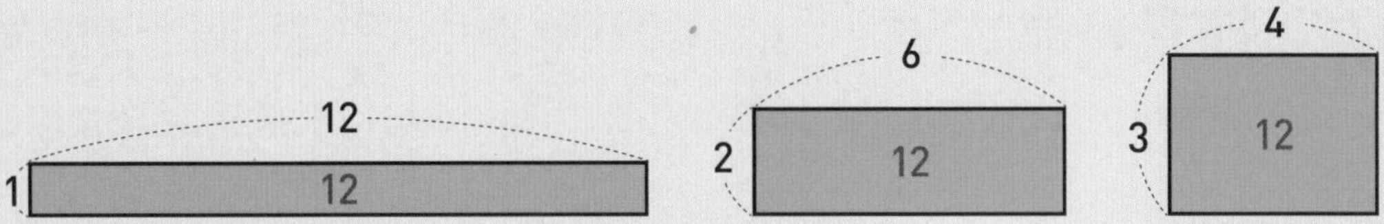

이 외에 가로 3, 세로 4처럼 가로, 세로만 바뀐 직사각형은 그리지 마세요.

2단계 **곱셈식으로 나타내기**

$$1 \times 12 = 12 \quad 2 \times 6 = 12 \quad 3 \times 4 = 12$$

서로 곱해서 12를 만들 수 있는 자연수를 12의 약수라고 합니다.

다른 수와 곱해서 12가 될 수 있는 자연수는 1, 2, 3, 4, 6, 12입니다.

따라서 12의 약수는 1, 2, 3, 4, 6, 12입니다.

일러두기 직사각형을 그릴 때 넓이나 길이를 실제로 재면서 그리지 않아도 됩니다. 약수와 배수 개념을 익히기 위한 과정이므로 여러분 마음대로 직사각형을 그려도 됩니다.

도전문제(1)

넓이는 똑같지만 모양이 서로 다른 직사각형을 모두 그린 다음, 넓이를 구하는 곱셈식을 쓰세요.(단, 변의 길이는 자연수)

(1) 넓이가 6인 직사각형

1단계 직사각형 그리기

2단계 곱셈식으로 나타내기

3단계 약수 구하기

6의 약수 :

(2) 넓이가 7인 직사각형

1단계 직사각형 그리기

2단계 곱셈식으로 나타내기

3단계 약수 구하기

7의 약수 :

1 약수가 뭘까?

도전문제(2)

넓이는 똑같지만 모양이 서로 다른 직사각형을 모두 그린 다음, 넓이를 구하는 곱셈식을 쓰세요.(단, 변의 길이는 자연수)

(1) 넓이가 8인 직사각형

1단계 직사각형 그리기

2단계 곱셈식으로 나타내기

3단계 약수 구하기

8의 약수 :

(2) 넓이가 9인 직사각형

1단계 직사각형 그리기

2단계 곱셈식으로 나타내기

3단계 약수 구하기

9의 약수 :

도전문제(3)

넓이는 똑같지만 모양이 서로 다른 직사각형을 모두 그린 다음, 넓이를 구하는 곱셈식을 쓰세요.(단, 변의 길이는 자연수)

(1) 넓이가 10인 직사각형

1단계 직사각형 그리기

2단계 곱셈식으로 나타내기

3단계 약수 구하기

10의 약수 :

(2) 넓이가 11인 직사각형

1단계 직사각형 그리기

2단계 곱셈식으로 나타내기

3단계 약수 구하기

11의 약수 :

1 약수가 뭘까?

도전문제(4)

넓이는 똑같지만 모양이 서로 다른 직사각형을 모두 그린 다음, 넓이를 구하는 곱셈식을 쓰세요.(단, 변의 길이는 자연수)

(1) 넓이가 12인 직사각형

1단계 직사각형 그리기

2단계 곱셈식으로 나타내기

3단계 약수 구하기

12의 약수 :

(2) 넓이가 14인 직사각형

1단계 직사각형 그리기

2단계 곱셈식으로 나타내기

3단계 약수 구하기

14의 약수 :

도전문제(5)

넓이는 똑같지만 모양이 서로 다른 직사각형을 모두 그린 다음, 넓이를 구하는 곱셈식을 쓰세요.(단, 변의 길이는 자연수)

(1) 넓이가 15인 직사각형

1단계 직사각형 그리기

2단계 곱셈식으로 나타내기

3단계 약수 구하기

15의 약수 :

(2) 넓이가 16인 직사각형

1단계 직사각형 그리기

2단계 곱셈식으로 나타내기

3단계 약수 구하기

16의 약수 :

1 약수가 뭘까?

도전문제(6)

넓이는 똑같지만 모양이 서로 다른 직사각형을 모두 그린 다음, 넓이를 구하는 곱셈식을 쓰세요.(단, 변의 길이는 자연수)

(1) 넓이가 13인 직사각형

1단계 직사각형 그리기

2단계 곱셈식으로 나타내기

3단계 약수 구하기

13의 약수 :

(2) 넓이가 20인 직사각형

1단계 직사각형 그리기

2단계 곱셈식으로 나타내기

3단계 약수 구하기

20의 약수 :

도전문제(7)

넓이는 똑같지만 모양이 서로 다른 직사각형을 모두 그린 다음, 넓이를 구하는 곱셈식을 쓰세요.(단, 변의 길이는 자연수)

(1) 넓이가 17인 직사각형

1단계 직사각형 그리기

2단계 곱셈식으로 나타내기

3단계 약수 구하기

17의 약수 :

(2) 넓이가 18인 직사각형

1단계 직사각형 그리기

2단계 곱셈식으로 나타내기

3단계 약수 구하기

18의 약수 :

1 약수가 뭘까?

도전문제(8)

넓이는 똑같지만 모양이 서로 다른 직사각형을 모두 그린 다음, 넓이를 구하는 곱셈식을 쓰세요.(단, 변의 길이는 자연수)

(1) 넓이가 24인 직사각형

1단계 직사각형 그리기

2단계 곱셈식으로 나타내기

3단계 약수 구하기

24의 약수 :

(2) 넓이가 36인 직사각형

1단계 직사각형 그리기

2단계 곱셈식으로 나타내기

3단계 약수 구하기

36의 약수 :

1 약수가 뭘까?

도전문제(9)

넓이는 똑같지만 모양이 서로 다른 직사각형을 모두 그린 다음, 넓이를 구하는 곱셈식을 쓰세요.(단, 변의 길이는 자연수)

(1) 넓이가 42인 직사각형

1단계 직사각형 그리기

2단계 곱셈식으로 나타내기

3단계 약수 구하기

42의 약수 :

(2) 넓이가 48인 직사각형

1단계 직사각형 그리기

2단계 곱셈식으로 나타내기

3단계 약수 구하기

48의 약수 :

1 약수가 뭘까?

도전문제(10)

넓이는 똑같지만 모양이 서로 다른 직사각형을 모두 그린 다음, 넓이를 구하는 곱셈식을 쓰세요.(단, 변의 길이는 자연수)

(1) 넓이가 50인 직사각형

1단계 직사각형 그리기

2단계 곱셈식으로 나타내기

3단계 약수 구하기

50의 약수 :

(2) 넓이가 100인 직사각형

1단계 직사각형 그리기

2단계 곱셈식으로 나타내기

3단계 약수 구하기

100의 약수 :

약수가 뭘까?

[2] 나눗셈으로 약수 구하기

이번에는 나눗셈을 이용하여 약수를 알아봅시다.

예시문제

세로 나눗셈을 이용하여 12를 나누어떨어지게 하는 수를 구하세요.

1단계 세로 나눗셈하기

	1	2
1)	1	2
	1	2
		0

		6
2)	1	2
	1	2
		0

		4
3)	1	2
	1	2
		0

		3
4)	1	2
	1	2
		0

		2
5)	1	2
	1	0
		2

		2
6)	1	2
	1	2
		0

		1
7)	1	2
		7
		5

		1
8)	1	2
		8
		4

		1
9)	1	2
		9
		3

		1
10)	1	2
	1	0
		2

		1
11)	1	2
	1	1
		1

		1
12)	1	2
	1	2
		0

2단계 나누어떨어지게 하는 수 찾기

1, 2, 3, 4, 6, 12

3단계 약수 구하기

12의 약수 : 1, 2, 3, 4, 6, 12

어떤 수를 나누어떨어지게 하는 수를 그 수의 약수라고 합니다.

도전문제(1)

6을 나누어떨어지게 하는 수를 구하세요.

1단계 세로 나눗셈하기

1) 6

2) 6

3) 6

4) 6

5) 6

6) 6

2단계 나누어떨어지게 하는 수 찾기

6을 나누어떨어지게 하는 수 :

3단계 약수 구하기

6의 약수 :

1 약수가 뭘까?

도전문제(2)

7을 나누어떨어지게 하는 수를 구하세요.

1단계 세로 나눗셈하기

1) 7

2) 7

3) 7

4) 7

5) 7

6) 7

7) 7

2단계 나누어떨어지게 하는 수 찾기

7을 나누어떨어지게 하는 수 :

3단계 약수 구하기

7의 약수 :

도전문제(3)

8을 나누어떨어지게 하는 수를 구하세요.

1단계 세로 나눗셈하기

1)8　2)8　3)8　4)8

5)8　6)8　7)8　8)8

2단계 나누어떨어지게 하는 수 찾기

8을 나누어떨어지게 하는 수 :

3단계 약수 구하기

8의 약수 :

약수가 뭘까?

도전문제(4)

9를 나누어떨어지게 하는 수를 구하세요.

1단계 세로 나눗셈하기

1)9

2)9

3)9

4)9

5)9

6)9

7)9

9)9

2단계 나누어떨어지게 하는 수 찾기

9를 나누어떨어지게 하는 수 :

3단계 약수 구하기

9의 약수 :

도전문제(5)

10을 나누어떨어지게 하는 수를 구하세요.

1단계 세로 나눗셈하기

1)10   2)10   3)10   4)10

5)10   6)10   8)10   10)10

2단계 나누어떨어지게 하는 수 찾기

10을 나누어떨어지게 하는 수 :

3단계 약수 구하기

10의 약수 :

1 약수가 뭘까?

도전문제(6)

18을 나누어떨어지게 하는 수를 구하세요.

1단계 세로 나눗셈하기

1)18　　2)18　　3)18　　4)18

6)18　　9)18　　12)18　　18)18

2단계 나누어떨어지게 하는 수 찾기

18을 나누어떨어지게 하는 수 :

3단계 약수 구하기

18의 약수 :

도전문제(7)

24를 나누어떨어지게 하는 수를 구하세요.

1단계 세로 나눗셈하기

1)24　　2)24　　3)24　　4)24

6)24　　8)24　　12)24　　24)24

2단계 나누어떨어지게 하는 수 찾기

24를 나누어떨어지게 하는 수 :

3단계 약수 구하기

24의 약수 :

1 약수가 뭘까?

도전문제(8)

30을 나누어떨어지게 하는 수를 구하세요.

1단계 세로 나눗셈하기

1)30 2)30 3)30 5)30

6)30 10)30 15)30 30)30

2단계 나누어떨어지게 하는 수 찾기

30을 나누어떨어지게 하는 수 :

3단계 약수 구하기

30의 약수 :

도전문제(9)

48을 나누어떨어지게 하는 수를 구하세요.

1단계 세로 나눗셈하기

1)48

2)48

3)48

4)48

6)48

8)48

12)48

16)48

24)48

48)48

2단계 나누어떨어지게 하는 수 찾기

48을 나누어떨어지게 하는 수 :

3단계 약수 구하기

48의 약수 :

1 약수가 뭘까?

도전문제(10)

100을 나누어떨어지게 하는 수를 구하세요.

1단계 세로 나눗셈하기

1)100

2)100

4)100

5)100

10)100

20)100

25)100

50)100

100)100

2단계 나누어떨어지게 하는 수 찾기

100을 나누어떨어지게 하는 수 :

3단계 약수 구하기

100의 약수 :

연습문제(1)

아래 자연수를 두 자연수의 곱셈으로 나타낸 다음 약수를 모두 구하세요.

① **18** ➡ (예) 1×18, 2×9, 3×6

➡ **18**의 약수 (예) 1, 2, 3, 6, 9, 18

② **36** ➡

➡ **36**의 약수

③ **43** ➡

➡ **43**의 약수

④ **49** ➡

➡ **49**의 약수

⑤ **50** ➡

➡ **50**의 약수

⑥ **60** ➡

➡ **60**의 약수

연습문제(2)

아래 자연수를 두 자연수의 곱셈으로 나타낸 다음 약수를 모두 구하세요.

① 19 ➡

➡ 19의 약수

② 35 ➡

➡ 35의 약수

③ 42 ➡

➡ 42의 약수

④ 47 ➡

➡ 47의 약수

⑤ 51 ➡

➡ 51의 약수

⑥ 61 ➡

➡ 61의 약수

연습문제(3)

안에 있는 수의 약수를 오른쪽 수 중에서 골라 ◯표 하세요.

① **6** 1, 2, 3, 4, 5, 6, 7, 8, 9, 10, 11, 12, 13, 14, 15

② **7** 1, 2, 3, 4, 5, 6, 7, 8, 9, 10, 11, 12, 13, 14, 15

③ **8** 1, 2, 3, 4, 5, 6, 7, 8, 9, 10, 11, 12, 13, 14, 15

④ **9** 1, 2, 3, 4, 5, 6, 7, 8, 9, 10, 11, 12, 13, 14, 15

⑤ **10** 1, 2, 3, 4, 5, 6, 7, 8, 9, 10, 11, 12, 13, 14, 15

⑥ **12** 1, 2, 3, 4, 5, 6, 7, 8, 9, 10, 11, 12, 13, 14, 15

⑦ **13** 1, 2, 3, 4, 5, 6, 7, 8, 9, 10, 11, 12, 13, 14, 15

⑧ **14** 1, 2, 3, 4, 5, 6, 7, 8, 9, 10, 11, 12, 13, 14, 15

1 약수가 뭘까?

연습문제(4)

■ 안에 있는 수의 약수를 오른쪽 수 중에서 골라 ○표 하세요.

① **16** 1, 2, 3, 4, 5, 6, 7, 8, 9, 10, 11, 12, 13, 14, 15, 16

② **17** 1, 2, 3, 4, 5, 6, 7, 8, 9, 10, 11, 12, 13, 14, 15, 16

③ **34** 1, 2, 3, 4, 5, 6, 7, 8, 9, 10, 11, 12, 13, 14, 15, 16

④ **50** 1, 2, 3, 4, 5, 6, 7, 8, 9, 10, 11, 12, 13, 14, 15, 16

⑤ **69** 1, 2, 3, 4, 5, 6, 7, 8, 9, 10, 11, 12, 13, 14, 15, 16

⑥ **71** 1, 2, 3, 4, 5, 6, 7, 8, 9, 10, 11, 12, 13, 14, 15, 16

⑦ **82** 1, 2, 3, 4, 5, 6, 7, 8, 9, 10, 11, 12, 13, 14, 15, 16

⑧ **93** 1, 2, 3, 4, 5, 6, 7, 8, 9, 10, 11, 12, 13, 14, 15, 16

배수가 뭘까?

[1] 직사각형으로 배수 구하기

[2] 곱셈으로 배수 구하기

배수가 뭘까?

[1] 직사각형으로 배수 구하기

넓이가 12인 직사각형을 이어 붙이는 과정을 통해 배수를 알아봅시다.

예시문제

넓이가 12인 직사각형을 계속 이어 붙여서 더 큰 직사각형을 그린 다음, 직사각형들의 넓이를 구하는 곱셈식을 쓰세요.

1단계 넓이가 12인 직사각형 1개를 그리고, 넓이를 곱셈식으로 나타내기

$12 \times 1 = 12$

2단계 직사각형 2개를 이어 붙이고, 전체 넓이를 곱셈식으로 나타내기

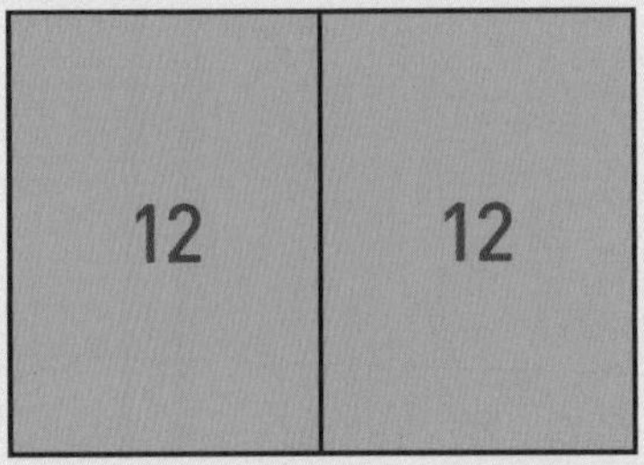

$12 \times 2 = 24$

3단계 **직사각형 3개를 이어 붙이고, 전체 넓이를 곱셈식으로 나타내기**

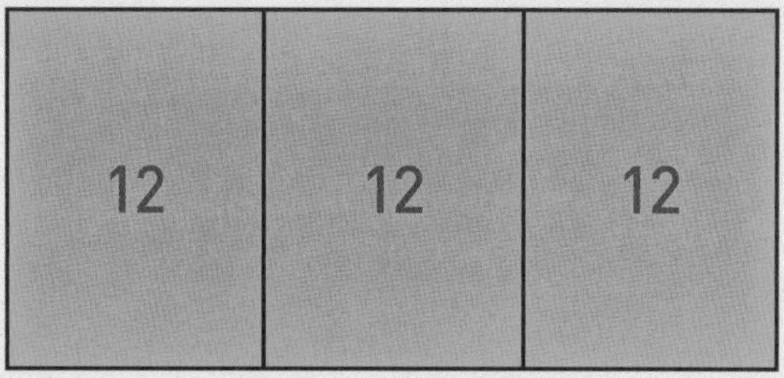

$12 \times 3 = 36$

4단계 **직사각형 4개를 이어 붙이고, 전체 넓이를 곱셈식으로 나타내기**

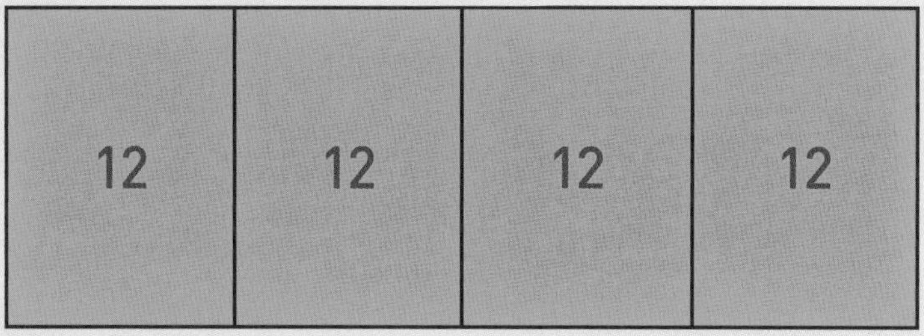

$12 \times 4 = 48$

5단계 **직사각형 이어 붙이기를 계속할 수 있습니까?**

그렇습니다.

어떤 수를 1배, 2배, 3배…… 한 수를 그 수의 배수라고 합니다.

따라서 12의 배수는 12, 24, 36, 48…… 입니다.

일러두기 직사각형을 그릴 때 넓이나 길이를 실제 길이에 맞추어 그리지 않아도 됩니다. 약수, 배수 개념을 익히기 위한 과정이므로 여러분 마음대로 직사각형을 그려도 됩니다.

2 배수가 뭘까?

도전문제(1)

다음은 직사각형 이어 붙이기를 통해 9의 배수를 구하는 과정입니다.
각 빈칸을 알맞게 채워 보세요.

1단계 넓이가 9인 직사각형 1개를 그리고, 넓이를 곱셈식으로 나타내기

•여기에 직사각형을 그리세요.

➡ 곱셈식 :

2단계 직사각형 2개를 이어 붙이고, 전체 넓이를 곱셈식으로 나타내기

•여기에 직사각형을 그리세요.

➡ 곱셈식 :

3단계 직사각형 3개를 이어 붙이고, 전체 넓이를 곱셈식으로 나타내기

•여기에 직사각형을 그리세요.

➡ 곱셈식 :

4단계 9의 배수를 가장 작은 수부터 5개 구하기

9의 배수 :

도전문제(2)

다음은 직사각형 이어 붙이기를 통해 13의 배수를 구하는 과정입니다.
각 빈칸을 알맞게 채워 보세요.

1단계 넓이가 13인 직사각형 1개를 그리고, 넓이를 곱셈식으로 나타내기

•여기에 직사각형을 그리세요.

➡ 곱셈식 : ☐

2단계 직사각형 2개를 이어 붙이고, 전체 넓이를 곱셈식으로 나타내기

•여기에 직사각형을 그리세요.

➡ 곱셈식 : ☐

3단계 직사각형 3개를 이어 붙이고, 전체 넓이를 곱셈식으로 나타내기

•여기에 직사각형을 그리세요.

➡ 곱셈식 : ☐

4단계 13의 배수를 가장 작은 수부터 5개 구하기

13의 배수 :

2 배수가 뭘까?

도전문제(3)

다음은 직사각형 이어 붙이기를 통해 15의 배수를 구하는 과정입니다.
각 빈칸을 알맞게 채워 보세요.

1단계 넓이가 15인 직사각형 1개를 그리고, 넓이를 곱셈식으로 나타내기

•여기에 직사각형을 그리세요.

➡ 곱셈식 :

2단계 직사각형 2개를 이어 붙이고, 전체 넓이를 곱셈식으로 나타내기

•여기에 직사각형을 그리세요.

➡ 곱셈식 :

3단계 직사각형 3개를 이어 붙이고, 전체 넓이를 곱셈식으로 나타내기

•여기에 직사각형을 그리세요.

➡ 곱셈식 :

4단계 15의 배수를 가장 작은 수부터 5개 구하기

15의 배수 :

도전문제(4)

다음은 직사각형 이어 붙이기를 통해 18의 배수를 구하는 과정입니다. 각 빈칸을 알맞게 채워 보세요.

1단계 넓이가 18인 직사각형 1개를 그리고, 넓이를 곱셈식으로 나타내기

•여기에 직사각형을 그리세요.

➡ 곱셈식 :

2단계 직사각형 2개를 이어 붙이고, 전체 넓이를 곱셈식으로 나타내기

•여기에 직사각형을 그리세요.

➡ 곱셈식 :

3단계 직사각형 3개를 이어 붙이고, 전체 넓이를 곱셈식으로 나타내기

•여기에 직사각형을 그리세요.

➡ 곱셈식 :

4단계 18의 배수를 가장 작은 수부터 5개 구하기

18의 배수 :

2 배수가 뭘까?

도전문제(5)

다음은 직사각형 이어 붙이기를 통해 21의 배수를 구하는 과정입니다.
각 빈칸을 알맞게 채워 보세요.

1단계 넓이가 21인 직사각형 1개를 그리고, 넓이를 곱셈식으로 나타내기

•여기에 직사각형을 그리세요.

➡ 곱셈식 :

2단계 직사각형 2개를 이어 붙이고, 전체 넓이를 곱셈식으로 나타내기

•여기에 직사각형을 그리세요.

➡ 곱셈식 :

3단계 직사각형 3개를 이어 붙이고, 전체 넓이를 곱셈식으로 나타내기

•여기에 직사각형을 그리세요.

➡ 곱셈식 :

4단계 21의 배수를 가장 작은 수부터 5개 구하기

21의 배수 :

도전문제(6)

다음은 직사각형 이어 붙이기를 통해 24의 배수를 구하는 과정입니다.
각 빈칸을 알맞게 채워 보세요.

1단계 넓이가 24인 직사각형 1개를 그리고, 넓이를 곱셈식으로 나타내기

• 여기에 직사각형을 그리세요.

➡ 곱셈식 :

2단계 직사각형 2개를 이어 붙이고, 전체 넓이를 곱셈식으로 나타내기

• 여기에 직사각형을 그리세요.

➡ 곱셈식 :

3단계 직사각형 3개를 이어 붙이고, 전체 넓이를 곱셈식으로 나타내기

• 여기에 직사각형을 그리세요.

➡ 곱셈식 :

4단계 24의 배수를 가장 작은 수부터 5개 구하기

24의 배수 :

2 배수가 뭘까?

도전문제(7)

다음은 직사각형 이어 붙이기를 통해 25의 배수를 구하는 과정입니다.
각 빈칸을 알맞게 채워 보세요.

1단계 넓이가 25인 직사각형 1개를 그리고, 넓이를 곱셈식으로 나타내기

•여기에 직사각형을 그리세요.

➡ 곱셈식 :

2단계 직사각형 2개를 이어 붙이고, 전체 넓이를 곱셈식으로 나타내기

•여기에 직사각형을 그리세요.

➡ 곱셈식 :

3단계 직사각형 3개를 이어 붙이고, 전체 넓이를 곱셈식으로 나타내기

•여기에 직사각형을 그리세요.

➡ 곱셈식 :

4단계 25의 배수를 가장 작은 수부터 5개 구하기

25의 배수 :

도전문제(8)

다음은 직사각형 이어 붙이기를 통해 32의 배수를 구하는 과정입니다. 각 빈칸을 알맞게 채워 보세요.

1단계 넓이가 32인 직사각형 1개를 그리고, 넓이를 곱셈식으로 나타내기

•여기에 직사각형을 그리세요.

➡ 곱셈식 : ☐

2단계 직사각형 2개를 이어 붙이고, 전체 넓이를 곱셈식으로 나타내기

•여기에 직사각형을 그리세요.

➡ 곱셈식 : ☐

3단계 직사각형 3개를 이어 붙이고, 전체 넓이를 곱셈식으로 나타내기

•여기에 직사각형을 그리세요.

➡ 곱셈식 : ☐

4단계 32의 배수를 가장 작은 수부터 5개 구하기

32의 배수 :

2 배수가 뭘까?

도전문제(9)

다음은 직사각형 이어 붙이기를 통해 39의 배수를 구하는 과정입니다. 각 빈칸을 알맞게 채워 보세요.

1단계 넓이가 39인 직사각형 1개를 그리고, 넓이를 곱셈식으로 나타내기

•여기에 직사각형을 그리세요. ➡ 곱셈식 :

2단계 직사각형 2개를 이어 붙이고, 전체 넓이를 곱셈식으로 나타내기

•여기에 직사각형을 그리세요. ➡ 곱셈식 :

3단계 직사각형 3개를 이어 붙이고, 전체 넓이를 곱셈식으로 나타내기

•여기에 직사각형을 그리세요. ➡ 곱셈식 :

4단계 39의 배수를 가장 작은 수부터 5개 구하기

39의 배수 :

도전문제(10)

다음은 직사각형 이어 붙이기를 통해 40의 배수를 구하는 과정입니다.
각 빈칸을 알맞게 채워 보세요.

1단계 넓이가 40인 직사각형 1개를 그리고, 넓이를 곱셈식으로 나타내기

•여기에 직사각형을 그리세요.

➡ 곱셈식 :

2단계 직사각형 2개를 이어 붙이고, 전체 넓이를 곱셈식으로 나타내기

•여기에 직사각형을 그리세요.

➡ 곱셈식 :

3단계 직사각형 3개를 이어 붙이고, 전체 넓이를 곱셈식으로 나타내기

•여기에 직사각형을 그리세요.

➡ 곱셈식 :

4단계 40의 배수를 가장 작은 수부터 5개 구하기

40의 배수 :

배수가 뭘까?

[2] 곱셈으로 배수 구하기

이번에는 곱셈을 이용하여 배수를 알아봅시다.

예시문제

세로 곱셈을 이용하여 12의 배수를 구하세요.

1단계 **세로 곱셈하기**

	1	2
×		1
	1	2

	1	2
×		2
	2	4

	1	2
×		3
	3	6

	1	2
×		4
	4	8

2단계 **배수 구하기**

12의 배수 : 12, 24, 36, 48……

어떤 수를 1배, 2배, 3배…… 한 수를 그 수의 배수라고 합니다.

도전문제(1)

다음은 곱셈을 이용해서 어떤 수의 배수를 구하는 과정입니다.
빈칸에 알맞은 수를 쓰세요.

(1) 13의 배수 4개

1단계 세로 곱셈하기

	1	3
×		1

	1	3
×		2

	1	3
×		3

	1	3
×		4

2단계 배수 4개 구하기(가장 작은 배수부터 차례대로)

13의 배수 :

(2) 14의 배수 4개

1단계 세로 곱셈하기

	1	4
×		1

	1	4
×		2

	1	4
×		3

	1	4
×		4

2단계 배수 4개 구하기(가장 작은 배수부터 차례대로)

14의 배수 :

2 배수가 뭘까?

도전문제(2)

다음은 곱셈을 이용해서 어떤 수의 배수를 구하는 과정입니다.
빈칸에 알맞은 수를 쓰세요.

(1) 15의 배수 4개

1단계 세로 곱셈하기

	1	5
×		1

	1	5
×		2

	1	5
×		3

	1	5
×		4

2단계 배수 4개 구하기(가장 작은 배수부터 차례대로)

15의 배수 :

(2) 25의 배수 4개

1단계 세로 곱셈하기

	2	5
×		1

	2	5
×		2

	2	5
×		3

	2	5
×		4

2단계 배수 4개 구하기(가장 작은 배수부터 차례대로)

25의 배수 :

도전문제(3)

다음은 곱셈을 이용해서 어떤 수의 배수를 구하는 과정입니다.
빈칸에 알맞은 수를 쓰세요.

(1) 16의 배수 4개

1단계 세로 곱셈하기

	1	6
×		1

	1	6
×		2

	1	6
×		3

	1	6
×		4

2단계 배수 4개 구하기(가장 작은 배수부터 차례대로)

16의 배수 :

(2) 26의 배수 4개

1단계 세로 곱셈하기

	2	6
×		1

	2	6
×		2

	2	6
×		3

	2	6
×		4

2단계 배수 4개 구하기(가장 작은 배수부터 차례대로)

26의 배수 :

배수가 뭘까?

도전문제(4)

다음은 곱셈을 이용해서 어떤 수의 배수를 구하는 과정입니다.
빈칸에 알맞은 수를 쓰세요.

(1) 17의 배수 4개

1단계 세로 곱셈하기

	1	7
×		1

	1	7
×		2

	1	7
×		3

	1	7
×		4

2단계 배수 4개 구하기(가장 작은 배수부터 차례대로)

17의 배수 :

(2) 27의 배수 4개

1단계 세로 곱셈하기

	2	7
×		1

	2	7
×		2

	2	7
×		3

	2	7
×		4

2단계 배수 4개 구하기(가장 작은 배수부터 차례대로)

27의 배수 :

도전문제(5)

다음은 곱셈을 이용해서 어떤 수의 배수를 구하는 과정입니다.
빈칸에 알맞은 수를 쓰세요.

(1) 18의 배수 4개

1단계 세로 곱셈하기

	1	8
×		1

	1	8
×		2

	1	8
×		3

	1	8
×		4

2단계 배수 4개 구하기(가장 작은 배수부터 차례대로)

18의 배수 :

(2) 28의 배수 4개

1단계 세로 곱셈하기

	2	8
×		1

	2	8
×		2

	2	8
×		3

	2	8
×		4

2단계 배수 4개 구하기(가장 작은 배수부터 차례대로)

28의 배수 :

2 배수가 뭘까?

도전문제(6)

다음은 곱셈을 이용해서 어떤 수의 배수를 구하는 과정입니다.
빈칸에 알맞은 수를 쓰세요.

(1) 19의 배수 4개

1단계 세로 곱셈하기

	1	9
×		1

	1	9
×		2

	1	9
×		3

	1	9
×		4

2단계 배수 4개 구하기(가장 작은 배수부터 차례대로)

19의 배수 :

(2) 29의 배수 4개

1단계 세로 곱셈하기

	2	9
×		1

	2	9
×		2

	2	9
×		3

	2	9
×		4

2단계 배수 4개 구하기(가장 작은 배수부터 차례대로)

29의 배수 :

도전문제(7)

다음은 곱셈을 이용해서 어떤 수의 배수를 구하는 과정입니다.
빈칸에 알맞은 수를 쓰세요.

(1) 20의 배수 4개

1단계 세로 곱셈하기

	2	0
×		1

	2	0
×		2

	2	0
×		3

	2	0
×		4

2단계 배수 4개 구하기(가장 작은 배수부터 차례대로)

20의 배수 :

(2) 30의 배수 4개

1단계 세로 곱셈하기

	3	0
×		1

	3	0
×		2

	3	0
×		3

	3	0
×		4

2단계 배수 4개 구하기(가장 작은 배수부터 차례대로)

30의 배수 :

2 배수가 뭘까?

도전문제(8)

다음은 곱셈을 이용해서 어떤 수의 배수를 구하는 과정입니다.
빈칸에 알맞은 수를 쓰세요.

(1) 21의 배수 4개

1단계 세로 곱셈하기

	2	1
×		1

	2	1
×		2

	2	1
×		3

	2	1
×		4

2단계 배수 4개 구하기(가장 작은 배수부터 차례대로)

21의 배수 :

(2) 31의 배수 4개

1단계 세로 곱셈하기

	3	1
×		1

	3	1
×		2

	3	1
×		3

	3	1
×		4

2단계 배수 4개 구하기(가장 작은 배수부터 차례대로)

31의 배수 :

도전문제(9)

다음은 곱셈을 이용해서 어떤 수의 배수를 구하는 과정입니다.
빈칸에 알맞은 수를 쓰세요.

(1) 22의 배수 4개

1단계 세로 곱셈하기

	2	2
×		1

	2	2
×		2

	2	2
×		3

	2	2
×		4

2단계 배수 4개 구하기(가장 작은 배수부터 차례대로)

22의 배수 :

(2) 32의 배수 4개

1단계 세로 곱셈하기

	3	2
×		1

	3	2
×		2

	3	2
×		3

	3	2
×		4

2단계 배수 4개 구하기(가장 작은 배수부터 차례대로)

32의 배수 :

2 배수가 뭘까?

도전문제(10)

다음은 곱셈을 이용해서 어떤 수의 배수를 구하는 과정입니다.
빈칸에 알맞은 수를 쓰세요.

(1) 23의 배수 4개

1단계 세로 곱셈하기

	2	3
×		1

	2	3
×		2

	2	3
×		3

	2	3
×		4

2단계 배수 4개 구하기(가장 작은 배수부터 차례대로)

23의 배수 :

(2) 43의 배수 4개

1단계 세로 곱셈하기

	4	3
×		1

	4	3
×		2

	4	3
×		3

	4	3
×		4

2단계 배수 4개 구하기(가장 작은 배수부터 차례대로)

43의 배수 :

연습문제(1)

다음 수의 배수를 가장 작은 수부터 차례대로 5개 구하세요.

① 9 ______________________

② 10 ______________________

③ 14 ______________________

④ 18 ______________________

⑤ 21 ______________________

⑥ 24 ______________________

⑦ 39 ______________________

⑧ 70 ______________________

2 배수가 뭘까?

연습문제(2)

다음 수의 배수 중에서 100 이상 200 이하인 수를 모두 쓰세요.

① 19 ______________________________

② 20 ______________________________

③ 24 ______________________________

④ 28 ______________________________

⑤ 31 ______________________________

⑥ 44 ______________________________

⑦ 59 ______________________________

⑧ 78 ______________________________

연습문제(3)

오른쪽 수 중에서 ■ 안의 수의 배수가 아닌 것을 골라 ×표 하세요.

① **8** 16, 21, 24, 32, 48, 88, 104, 108

② **16** 16, 32, 46, 64, 66, 80, 100, 116, 176

③ **34** 34, 64, 102, 136, 171, 204, 234

④ **50** 50, 100, 105, 200, 250, 500, 505, 615

⑤ **69** 69, 138, 209, 276, 349, 414, 483

⑥ **71** 71, 141, 213, 284, 355, 424

⑦ **82** 82, 164, 244, 328, 418, 492

⑧ **93** 93, 186, 276, 372, 465, 559

⑨ **101** 101, 202, 404, 3030, 5005, 6060

⑩ **284** 284, 588, 852, 1134, 1420, 1704

⑪ **390** 390, 780, 1190, 1950, 2390, 2730

⑫ **500** 500, 1000, 1050, 2000, 2500, 3000, 3500

연습문제(4)

다음 수의 13번째 배수를 구하세요.

① 11 ➡ ______

② 13 ➡ ______

③ 27 ➡ ______

④ 38 ➡ ______

⑤ 41 ➡ ______

⑥ 67 ➡ ______

⑦ 111 ➡ ______

⑧ 477 ➡ ______

연습문제(5)

다음 두 수가 서로 배수와 약수 관계이면 (　) 안에 ○표 하고, 그렇지 않으면 ×표 하세요. 두 수의 순서는 상관없습니다.

① 23 46 (　　)　② 96 46 (　　)

③ 12 96 (　　)　④ 12 100 (　　)

⑤ 17 91 (　　)　⑥ 7 91 (　　)

⑦ 21 105 (　　)　⑧ 22 286 (　　)

⑨ 19 109 (　　)　⑩ 109 11 (　　)

⑪ 123 31 (　　)　⑫ 527 31 (　　)

⑬ 1000 8 (　　)　⑭ 18 189 (　　)

⑮ 101 1310 (　　)　⑯ 1313 13 (　　)

⑰ 37 480 (　　)　⑱ 480 26 (　　)

연습문제(6)

■ 안의 수가 어떤 수의 배수인지 (   )에서 골라 ◯표 하세요.

① **27** (1, 2, 3, 4, 5, 6, 7, 8, 9)의 배수입니다.

② **28** (1, 2, 3, 4, 5, 6, 7, 8, 9)의 배수입니다.

③ **36** (1, 2, 3, 4, 5, 6, 7, 8, 9)의 배수입니다.

④ **144** (1, 2, 3, 4, 5, 6, 7, 8, 9)의 배수입니다.

⑤ **127** (1, 2, 3, 4, 5, 6, 7, 8, 9)의 배수입니다.

⑥ **200** (1, 2, 3, 4, 5, 6, 7, 8, 9)의 배수입니다.

⑦ **315** (1, 2, 3, 4, 5, 6, 7, 8, 9)의 배수입니다.

⑧ **318** (1, 2, 3, 4, 5, 6, 7, 8, 9)의 배수입니다.

⑨ **401** (1, 2, 3, 4, 5, 6, 7, 8, 9)의 배수입니다.

⑩ **1200** (1, 2, 3, 4, 5, 6, 7, 8, 9)의 배수입니다.

⑪ **1204** (1, 2, 3, 4, 5, 6, 7, 8, 9)의 배수입니다.

⑫ **1666** (1, 2, 3, 4, 5, 6, 7, 8, 9)의 배수입니다.

⑬ **10000** (1, 2, 3, 4, 5, 6, 7, 8, 9)의 배수입니다.

약수와 배수의 관계는?

[1] 직사각형으로 약수와 배수의 관계 알아보기

[2] 곱셈식으로 약수와 배수의 관계 알아보기

약수와 배수의 관계는?

[1] 직사각형으로 약수와 배수의 관계 알아보기

직사각형의 변의 길이와 넓이 사이의 관계를 이용하여 약수와 배수의 관계를 알아봅시다.

예시문제

직사각형을 이용해서 약수와 배수의 관계를 알아보세요.

1단계 한 변의 길이가 3이고 넓이가 12인 직사각형을 그리고, 곱셈식으로 나타내기

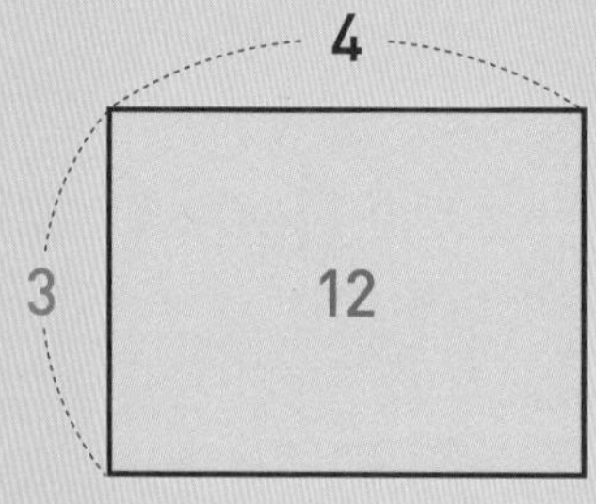

$3 \times 4 = 12$

3은 12의 약수입니다.

2단계 한 변의 길이가 3이고 넓이가 3인 직사각형 4개를 이어 붙이고, 전체 넓이를 곱셈식으로 나타내기

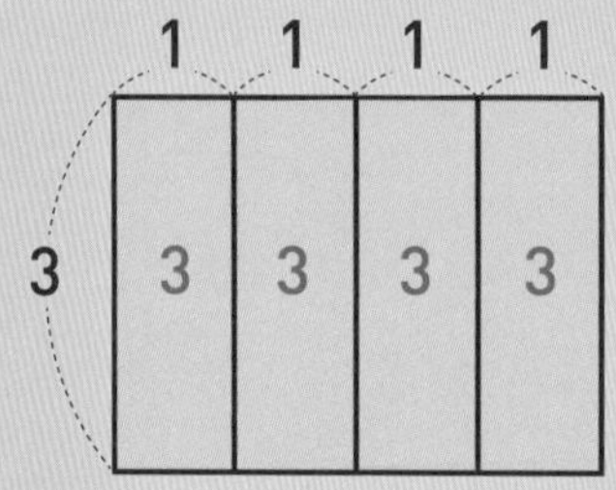

$3 \times 4 = 12$

12는 3의 배수입니다.

일러두기 직사각형을 그릴 때 넓이나 길이를 실제 길이에 맞추어 그리지 않아도 됩니다. 약수, 배수 개념을 익히기 위한 과정이므로 여러분 마음대로 직사각형을 그려도 됩니다.

도전문제(1)

다음은 직사각형을 이용하여 약수와 배수의 관계를 알아보는 과정입니다. 직사각형을 그리고, 빈칸에 알맞은 숫자나 단어를 쓰세요.

1단계 **한 변의 길이가 5이고 넓이가 20인 직사각형을 그리고, 곱셈식으로 나타내기**

(예)

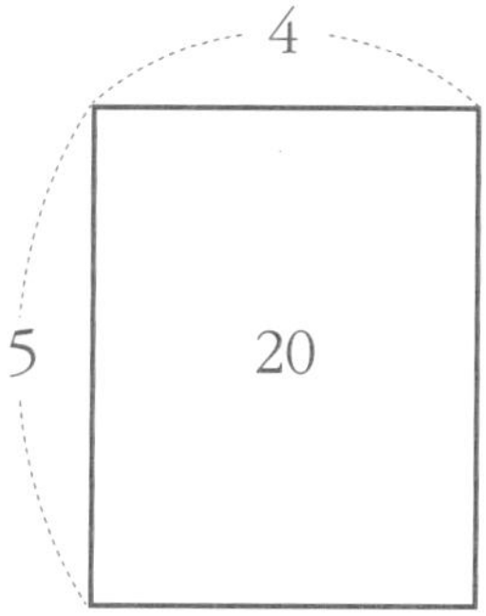

직사각형 그리기

➡ 곱셈식 : 5×4=20

5는 20의 약수 입니다.

2단계 **한 변의 길이가 5이고 넓이가 5인 직사각형 4개를 이어 붙이고, 전체 넓이를 곱셈식으로 나타내기**

(예)

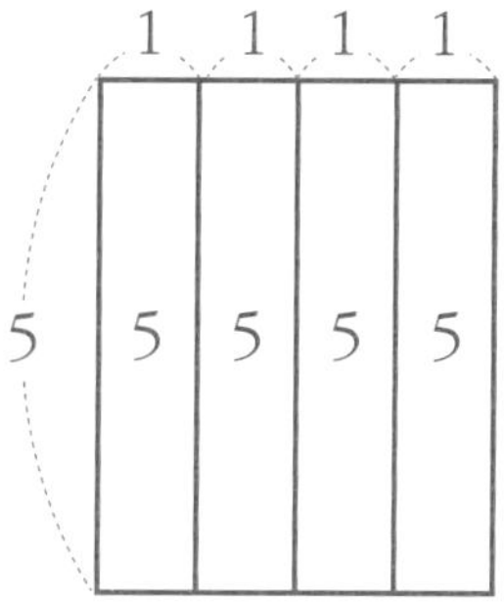

직사각형 이어 붙이기

➡ 곱셈식 : 5×4=20

20 은/는 5의 배수 입니다.

3 약수와 배수의 관계는?

도전문제(2)

다음은 직사각형을 이용하여 약수와 배수의 관계를 알아보는 과정입니다.
직사각형을 그리고, 빈칸에 알맞은 숫자나 단어를 쓰세요.

1단계 **한 변의 길이가 6이고 넓이가 18인 직사각형을 그리고, 곱셈식으로 나타내기**

직사각형 그리기

•여기에 직사각형을 그리세요.

➡ 곱셈식 : ☐

6은 18의 ☐ 입니다.

2단계 **한 변의 길이가 6이고 넓이가 6인 직사각형 3개를 이어 붙이고, 전체 넓이를 곱셈식으로 나타내기**

직사각형
이어 붙이기

•여기에 직사각형을 그리세요.

➡ 곱셈식 : ☐

☐ 은/는 6의 ☐ 입니다.

도전문제(3)

다음은 직사각형을 이용하여 약수와 배수의 관계를 알아보는 과정입니다.
직사각형을 그리고, 빈칸에 알맞은 숫자나 단어를 쓰세요.

1단계 한 변의 길이가 7이고 넓이가 28인 직사각형을 그리고, 곱셈식으로 나타내기

•여기에 직사각형을 그리세요.

직사각형 그리기

➡ 곱셈식 : ☐

7은 28의 ☐ 입니다.

2단계 한 변의 길이가 7이고 넓이가 7인 직사각형 4개를 이어 붙이고, 전체 넓이를 곱셈식으로 나타내기

•여기에 직사각형을 그리세요.

직사각형
이어 붙이기

➡ 곱셈식 : ☐

☐은/는 7의 ☐ 입니다.

3 약수와 배수의 관계는?

도전문제(4)

다음은 직사각형을 이용하여 약수와 배수의 관계를 알아보는 과정입니다. 직사각형을 그리고, 빈칸에 알맞은 숫자나 단어를 쓰세요.

1단계 한 변의 길이가 13이고 넓이가 26인 직사각형을 그리고, 곱셈식으로 나타내기

직사각형 그리기

• 여기에 직사각형을 그리세요.

➡ 곱셈식 : [ ]

13은 26의 [ ] 입니다.

2단계 한 변의 길이가 13이고 넓이가 13인 직사각형 2개를 이어 붙이고, 전체 넓이를 곱셈식으로 나타내기

직사각형 이어 붙이기

• 여기에 직사각형을 그리세요.

➡ 곱셈식 : [ ]

[ ]은/는 13의 [ ] 입니다.

도전문제(5)

다음은 직사각형을 이용하여 약수와 배수의 관계를 알아보는 과정입니다. 직사각형을 그리고, 빈칸에 알맞은 숫자나 단어를 쓰세요.

1단계 **한 변의 길이가 27이고 넓이가 81인 직사각형을 그리고, 곱셈식으로 나타내기**

직사각형 그리기

• 여기에 직사각형을 그리세요.

➡ 곱셈식 : ☐

27은 81의 ☐ 입니다.

2단계 **한 변의 길이가 27이고 넓이가 27인 직사각형 3개를 이어 붙이고, 전체 넓이를 곱셈식으로 나타내기**

직사각형 이어 붙이기

• 여기에 직사각형을 그리세요.

➡ 곱셈식 : ☐

☐ 은/는 27의 ☐ 입니다.

약수와 배수의 관계는?

[2] 곱셈식으로 약수와 배수의 관계 알아보기

나눗셈식과 곱셈식을 통해 약수와 배수의 관계를 알아봅시다.

예시문제

나눗셈식 $204 \div 12 = 17$과 곱셈식 $12 \times 17 = 204$를 이용해서 약수와 배수의 관계를 알아보세요.

1단계 세로 나눗셈으로 나타내기

204를 **12**로 나누면 나누어떨어집니다.

			1	7
1	2	)2	0	4
		2	0	4
				0

12와 17은 204의 약수

2단계 세로 곱셈으로 나타내기

12를 **17**배 하면 **204**가 됩니다.

	1	2
×	1	7
2	0	4

204는 12와 17의 배수

3단계 곱셈식에서 약수와 배수의 관계 알아보기

곱셈식 : **12 × 17 = 204**
(12 ↑ 약수, 204 ↑ 배수)

204는 **12**의 배수이며,

12는 **204**의 약수입니다.

곱셈식 : **12 × 17 = 204**
(17 ↑ 약수, 204 ↑ 배수)

마찬가지로 **204**는 **17**의 배수이며,

17은 **204**의 약수입니다.

도전문제(1)

나눗셈식과 곱셈식으로 약수와 배수의 관계를 알아봅시다.
□, □에 알맞은 수를, □에는 약수, 배수를 알맞게 쓰세요.

(1) $72 \div 8 =$ □

1단계 세로 나눗셈으로 나타내기

8)72
□
□

8과 □ 은/는 72의 □ 입니다.

2단계 세로 곱셈으로 나타내기

8
× □
72

72는 8과 □ 의 □ 입니다.

(2) $42 \div 6 =$ □

1단계 세로 나눗셈으로 나타내기

6)42
□
□

6과 □ 은/는 42의 □ 입니다.

2단계 세로 곱셈으로 나타내기

6
× □
42

42는 6과 □ 의 □ 입니다.

3 약수와 배수의 관계는?

도전문제(2)

나눗셈식과 곱셈식으로 약수와 배수의 관계를 알아봅시다.
□, □에 알맞은 수를, □에는 약수, 배수를 알맞게 쓰세요.

(1) $81 \div 9 =$ □

1단계 세로 나눗셈으로 나타내기

$$\begin{array}{r} \square \\ 9\overline{)\,8\,1} \\ \square \\ \hline \square \end{array}$$

□ 은/는 81의 □ 입니다.

2단계 세로 곱셈으로 나타내기

$$\begin{array}{r} \square \\ \times \quad 9 \\ \hline 8\,1 \end{array}$$

81은 □ 의 □ 입니다.

(2) $56 \div 7 =$ □

1단계 세로 나눗셈으로 나타내기

$$\begin{array}{r} \square \\ 7\overline{)\,5\,6} \\ \square \\ \hline \square \end{array}$$

7과 □ 은/는 56의 □ 입니다.

2단계 세로 곱셈으로 나타내기

$$\begin{array}{r} \square \\ \times \quad 7 \\ \hline 5\,6 \end{array}$$

56은 7과 □ 의 □ 입니다.

도전문제(3)

나눗셈식과 곱셈식으로 약수와 배수의 관계를 알아봅시다.
 , ☐에 알맞은 수를, ▒ 에는 약수, 배수를 알맞게 쓰세요.

(1) 48 ÷ 4 =

1단계 세로 나눗셈으로 나타내기

4) 4 8

☐

☐

☐

☐

4와 ▒ 은/는
48의 ▒ 입니다.

2단계 세로 곱셈으로 나타내기

× 4
4 8

48은 4와 ▒ 의
▒ 입니다.

(2) 60 ÷ 5 =

1단계 세로 나눗셈으로 나타내기

5) 6 0

☐

☐

☐

☐

5와 ▒ 은/는
60의 ▒ 입니다.

2단계 세로 곱셈으로 나타내기

× 5
6 0

60은 5와 ▒ 의
▒ 입니다.

3 약수와 배수의 관계는?

도전문제(4)

나눗셈식과 곱셈식으로 약수와 배수의 관계를 알아봅시다.
 , 에 알맞은 수를, 에는 약수, 배수를 알맞게 쓰세요.

(1) 104 ÷ 13 =

1단계 세로 나눗셈으로 나타내기

13) 1 0 4

13과 은/는 104의 입니다.

2단계 세로 곱셈으로 나타내기

× 1 3
1 0 4

104는 13과 의 입니다.

(2) 111 ÷ 37 =

1단계 세로 나눗셈으로 나타내기

37) 1 1 1

37과 은/는 111의 입니다.

2단계 세로 곱셈으로 나타내기

× 3 7
1 1 1

111은 37과 의 입니다.

도전문제(5)

나눗셈식과 곱셈식으로 약수와 배수의 관계를 알아봅시다.
, 에 알맞은 수를, 에는 약수, 배수를 알맞게 쓰세요.

(1) $150 \div 25 =$

1단계 세로 나눗셈으로 나타내기

$$25\overline{)150}$$

25와 은/는 150의 입니다.

2단계 세로 곱셈으로 나타내기

$$\begin{array}{r} \times\ 25 \\ \hline 150 \end{array}$$

150은 25와 의 입니다.

(2) $153 \div 17 =$

1단계 세로 나눗셈으로 나타내기

$$17\overline{)153}$$

17과 은/는 153의 입니다.

2단계 세로 곱셈으로 나타내기

$$\begin{array}{r} \times\ 17 \\ \hline 153 \end{array}$$

153은 17과 의 입니다.

3 약수와 배수의 관계는?

도전문제(6)

나눗셈식과 곱셈식으로 약수와 배수의 관계를 알아봅시다.
, ⬚에 알맞은 수를, 에는 약수, 배수를 알맞게 쓰세요.

(1) $171 \div 19 =$ ⬚

1단계 세로 나눗셈으로 나타내기

19) 1 7 1

19와 ⬚ 은/는 171의 ⬚ 입니다.

2단계 세로 곱셈으로 나타내기

× 1 9

1 7 1

171은 19와 ⬚ 의 ⬚ 입니다.

(2) $270 \div 45 =$ ⬚

1단계 세로 나눗셈으로 나타내기

45) 2 7 0

45와 ⬚ 은/는 270의 ⬚ 입니다.

2단계 세로 곱셈으로 나타내기

× 4 5

2 7 0

270은 45와 ⬚ 의 ⬚ 입니다.

도전문제(7)

나눗셈식과 곱셈식으로 약수와 배수의 관계를 알아봅시다.
, ( )에 알맞은 수를, ( ) 에는 약수, 배수를 알맞게 쓰세요.

(1) 280 ÷ 56 =

1단계 세로 나눗셈으로 나타내기

$56\overline{)280}$

56과 ( ) 은/는 280의 ( ) 입니다.

2단계 세로 곱셈으로 나타내기

× 5 6
2 8 0

280은 56과 ( ) 의 ( ) 입니다.

(2) 285 ÷ 57 =

1단계 세로 나눗셈으로 나타내기

$57\overline{)285}$

57과 ( ) 은/는 285의 ( ) 입니다.

2단계 세로 곱셈으로 나타내기

× 5 7
2 8 5

285는 57과 ( ) 의 ( ) 입니다.

3 약수와 배수의 관계는?

도전문제(8)

나눗셈식과 곱셈식으로 약수와 배수의 관계를 알아봅시다.
[ ], [ ]에 알맞은 수를, [ ]에는 약수, 배수를 알맞게 쓰세요.

(1) $102 \div 3 =$ [ ]

1단계 세로 나눗셈으로 나타내기

$3 \overline{)\,1\;0\;2}$

3과 [ ] 은/는 102의 [ ] 입니다.

2단계 세로 곱셈으로 나타내기

[ ] × 3 = 1 0 2

102는 3과 [ ] 의 [ ] 입니다.

(2) $121 \div 11 =$ [ ]

1단계 세로 나눗셈으로 나타내기

$11 \overline{)\,1\;2\;1}$

[ ] 은/는 121의 [ ] 입니다.

2단계 세로 곱셈으로 나타내기

[ ] × 1 1 = 1 2 1

121은 [ ] 의 [ ] 입니다.

도전문제(9)

나눗셈식과 곱셈식으로 약수와 배수의 관계를 알아봅시다.
, ( )에 알맞은 수를, 에는 약수, 배수를 알맞게 쓰세요.

(1) 180 ÷ 15 =

1단계 세로 나눗셈으로 나타내기

$15\overline{)180}$

15와 ___ 은/는 180의 ___ 입니다.

2단계 세로 곱셈으로 나타내기

× 15 = 180

180은 15와 ___ 의 ___ 입니다.

(2) 300 ÷ 20 =

1단계 세로 나눗셈으로 나타내기

$20\overline{)300}$

20과 ___ 은/는 300의 ___ 입니다.

2단계 세로 곱셈으로 나타내기

× 20 = 300

300은 20과 ___ 의 ___ 입니다.

3 약수와 배수의 관계는?

도전문제(10)

나눗셈식과 곱셈식으로 약수와 배수의 관계를 알아봅시다.
[ ], [ ]에 알맞은 수를, [ ]에는 약수, 배수를 알맞게 쓰세요.

(1) 287 ÷ 41 = [ ]

1단계 세로 나눗셈으로 나타내기

$$41\overline{)\,2\;8\;7\,}$$

41과 [ ] 은/는 287의 [ ] 입니다.

2단계 세로 곱셈으로 나타내기

$$\begin{array}{r} \square \\ \times\; 4\;1 \\ \hline 2\;8\;7 \end{array}$$

287은 41과 [ ] 의 [ ] 입니다.

(2) 333 ÷ 37 = [ ]

1단계 세로 나눗셈으로 나타내기

$$37\overline{)\,3\;3\;3\,}$$

37과 [ ] 은/는 333의 [ ] 입니다.

2단계 세로 곱셈으로 나타내기

$$\begin{array}{r} \square \\ \times\; 3\;7 \\ \hline 3\;3\;3 \end{array}$$

333은 37과 [ ] 의 [ ] 입니다.

연습문제(1)

직사각형의 변의 길이와 넓이의 관계를 이용하여 약수와 배수의 관계를 알아봅시다. ____ 안에 약수, 배수를 알맞게 쓰세요.

①
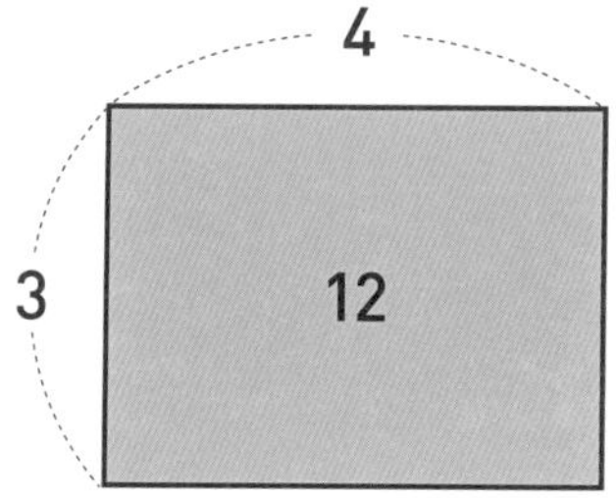

12는 3의 ____,

12는 4의 ____

②
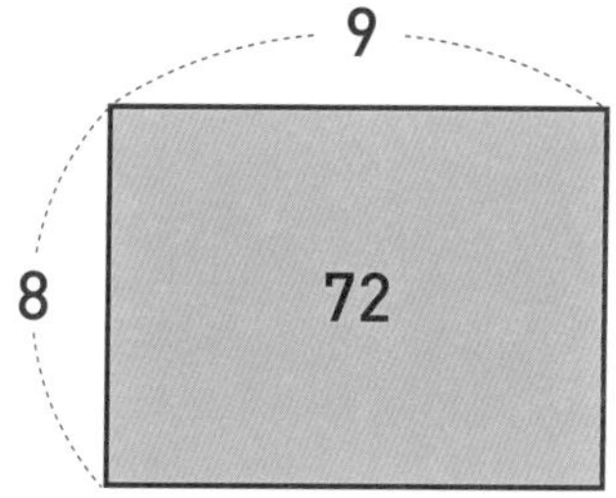

72는 9의 ____,

72는 8의 ____

③
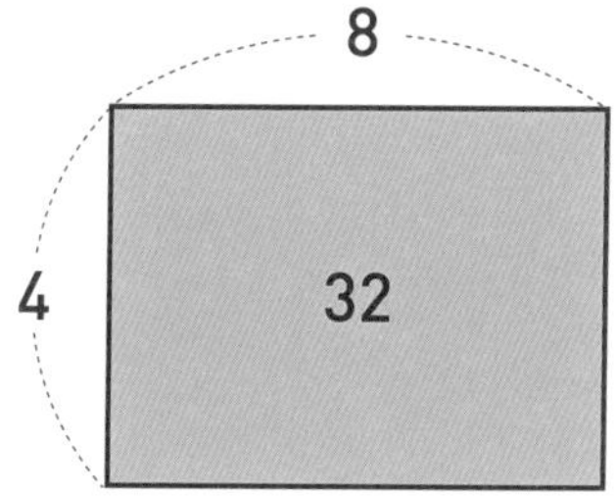

32는 8의 ____,

8은 32의 ____

④
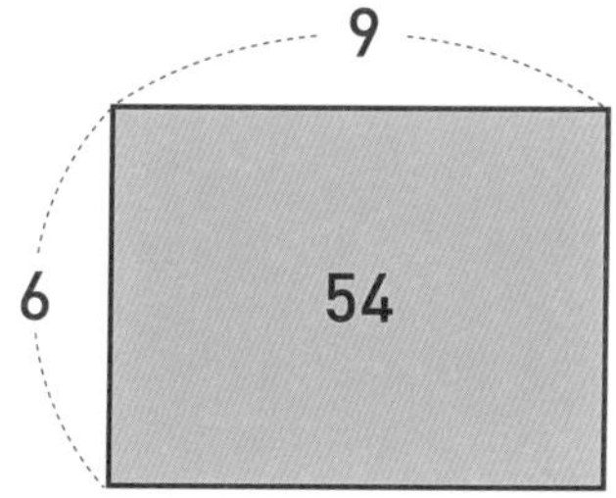

9는 54의 ____,

6은 54의 ____

3 약수와 배수의 관계는?

연습문제(2)

직사각형의 변의 길이와 넓이의 관계를 이용하여 약수와 배수의 관계를 알아봅시다. ☐ 에는 숫자를, ☐ 에는 약수, 배수를 알맞게 쓰세요.

①
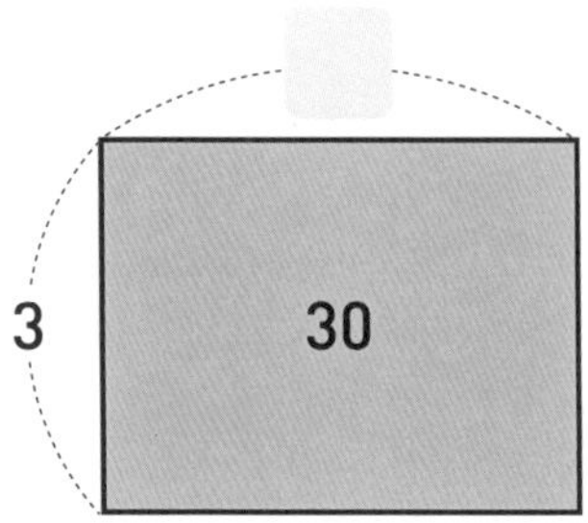

3은 30의 ☐ ,
☐ 은/는 30의 ☐

②
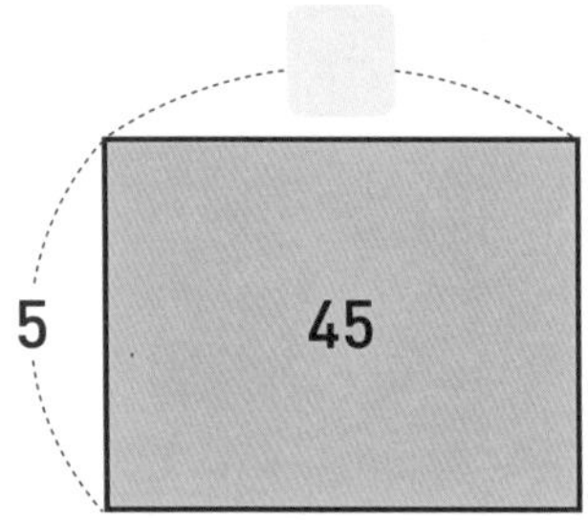

5는 45의 ☐ ,
45는 ☐ 의 ☐

③
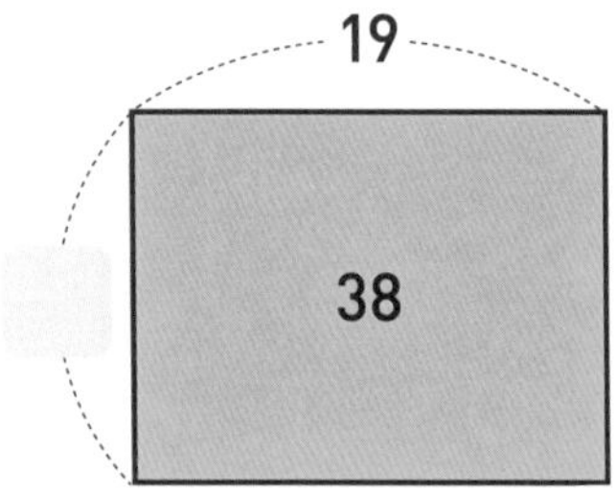

38은 19의 ☐ ,
☐ 은/는 38의 ☐

④
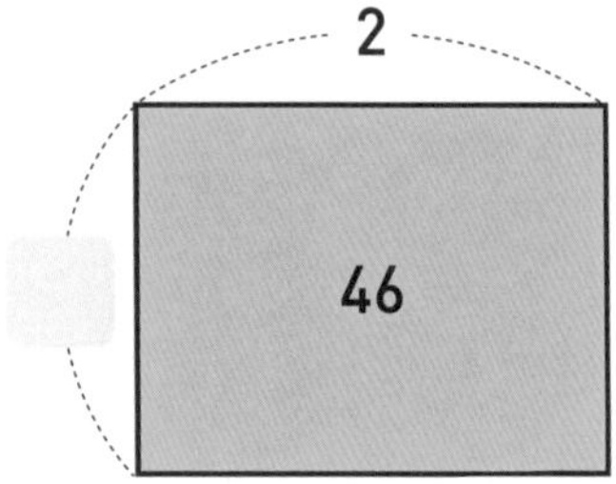

46은 2의 ☐ ,
46은 ☐ 의 ☐

연습문제(3)

직사각형의 변의 길이와 넓이의 관계를 이용하여 약수와 배수의 관계를 알아봅시다. ☐ 에는 숫자를, ☐ 에는 약수, 배수를 알맞게 쓰세요.

① 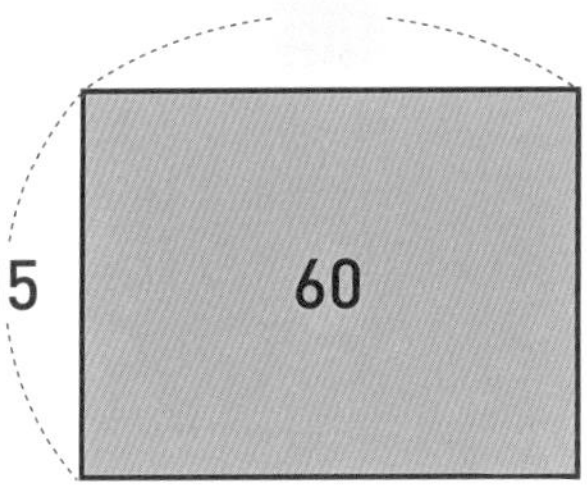

15는 **60**의 ☐ ,

☐ 은/는 **60**의 ☐

② 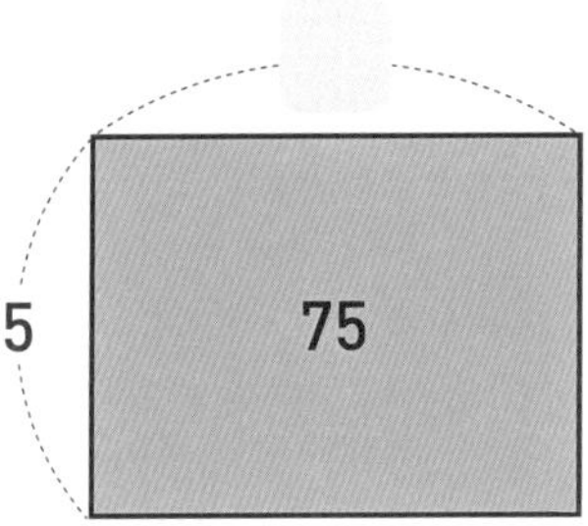

5는 **75**의 ☐ ,

75는 ☐ 의 ☐

③ 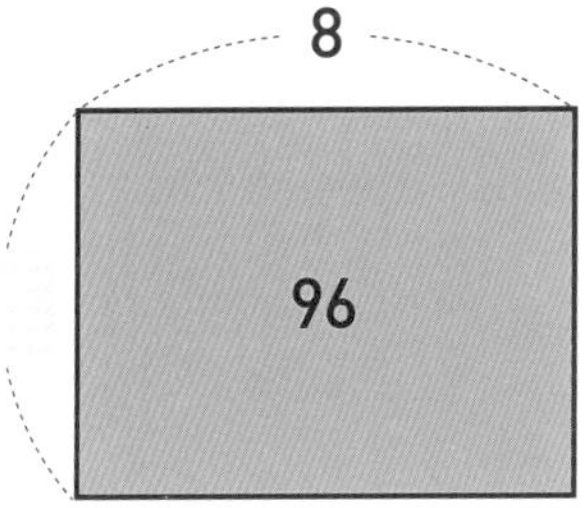

96은 **8**의 ☐ ,

☐ 은/는 **96**의 ☐

④ 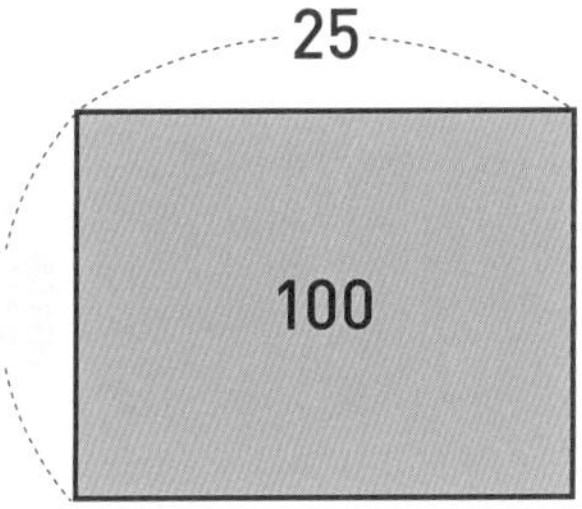

100은 **25**의 ☐ ,

100은 ☐ 의 ☐

3 약수와 배수의 관계는?

연습문제(4)

다음 빈칸에 약수, 배수를 알맞게 쓰세요.

① 8 ÷ 4 = 2 ➡ 4는 8의 ____ , 8은 2의 ____

② 15 ÷ 3 = 5 ➡ 15는 3의 ____ , 3은 15의 ____

③ 16 ÷ 8 = 2 ➡ 8은 16의 ____ , 16은 2의 ____

④ 20 ÷ 4 = 5 ➡ 5는 20의 ____ , 20은 4의 ____

⑤ 25 ÷ 5 = 5 ➡ 25는 5의 ____ , 5는 25의 ____

⑥ 36 ÷ 9 = 4 ➡ 9는 36의 ____ , 36은 4의 ____

⑦ 48 ÷ 6 = 8 ➡ 48은 8의 ____ , 48은 6의 ____

⑧ 56 ÷ 8 = 7 ➡ 8은 56의 ____ , 7은 56의 ____

⑨ 121 ÷ 11 = 11 ➡ 11은 121의 ____ , 121은 11의 ____

⑩ 252 ÷ 12 = 21 ➡ 252는 12의 ____ , 252는 21의 ____

연습문제(5)

다음 빈칸에 약수, 배수를 알맞게 쓰세요.

① 9는 36의 (   ), 36은 12의 (   )

② 15는 30의 (   ), 30은 15의 (   )

③ 15는 60의 (   ), 30은 5의 (   )

④ 25는 5의 (   ), 5는 25의 (   )

⑤ 12는 6의 (   ), 72는 12의 (   )

⑥ 11은 33의 (   ), 33은 99의 (   )

⑦ 17은 34의 (   ), 17은 51의 (   )

⑧ 19는 38의 (   ), 38은 1의 (   )

⑨ 24는 8의 (   ), 24는 96의 (   )

⑩ 39는 13의 (   ), 39는 3의 (   )

⑪ 45는 135의 (   ), 45는 90의 (   )

⑫ 100은 20의 (   ), 100은 300의 (   )

약수와 배수의 관계는?

연습문제(6)

(　　) 안에서 알맞은 말에 ◯표 하세요.

① 15는 31의 (약수입니다 / 약수가 아닙니다).

② 32는 6의 (배수입니다 / 배수가 아닙니다).

③ 10은 35의 (약수입니다 / 약수가 아닙니다).

④ 25는 100의 (약수입니다 / 약수가 아닙니다).

⑤ 72는 14의 (배수입니다 / 배수가 아닙니다).

⑥ 13은 39의 (약수입니다 / 약수가 아닙니다).

⑦ 57은 13의 (배수입니다 / 배수가 아닙니다).

⑧ 24는 12의 (약수입니다 / 약수가 아닙니다).

⑨ 18은 36의 (배수입니다 / 배수가 아닙니다).

⑩ 28은 4의 (약수입니다 / 약수가 아닙니다).

⑪ 120은 300의 (약수입니다 / 약수가 아닙니다).

⑫ 999는 33의 (배수입니다 / 배수가 아닙니다).

최대공약수와 최소공배수는 뭘까?

[1] 직사각형으로 최대공약수와 공약수 구하기

[2] 직사각형으로 최소공배수와 공배수 구하기

[3] 세로 나눗셈으로 최대공약수와 최소공배수 구하기

[4] 곱셈식으로 최대공약수와 최소공배수 구하기

최대공약수와 최소공배수는 뭘까?

[1] 직사각형으로 최대공약수와 공약수 구하기

직사각형을 정사각형 여러 개로 잘라 내는 방법을 사용하여 두 수의 최대공약수와 공약수를 구해 봅시다.

예시문제

12와 18의 최대공약수와 공약수를 구하세요.

1단계 두 변의 길이가 12와 18인 직사각형 그리기

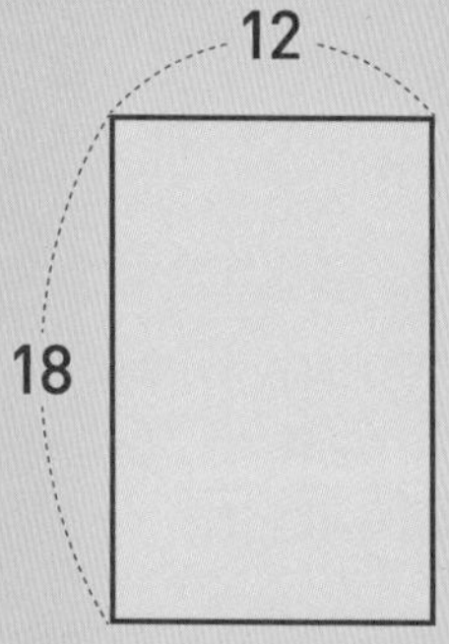

2단계 두 변 중에서 작은 변을 한 변으로 하는 정사각형 잘라 내기

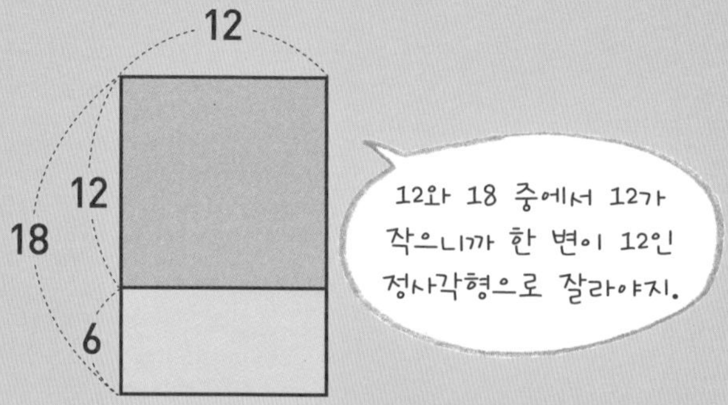

3단계 남은 직사각형에서 정사각형만 남을 때까지 계속 자르기

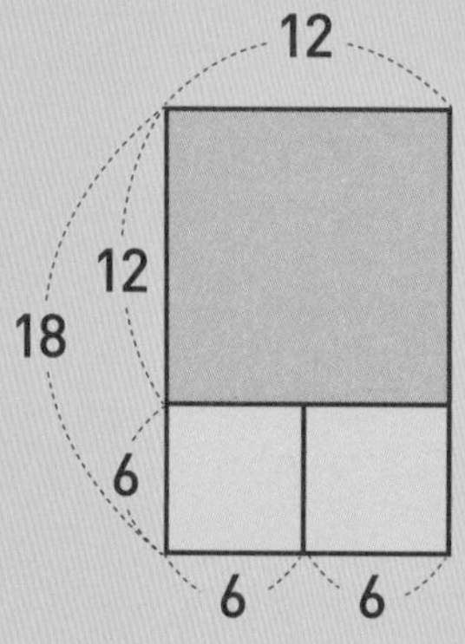

4단계 전체가 똑같은 크기의 정사각형이 되도록 자르기

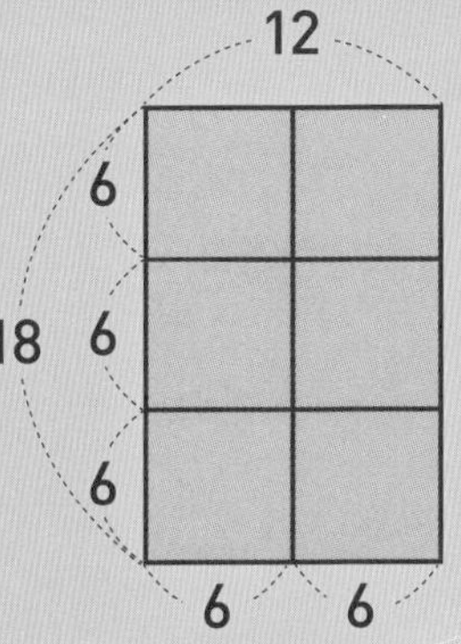

5단계 두 수의 최대공약수 구하기

처음 직사각형을 잘라서 만들 수 있는 가장 큰 정사각형의 한 변의 길이가 최대공약수야.

12와 18의 최대공약수 : **6**

6단계 두 수의 공약수 구하기

두 수의 최대공약수의 약수를 구하면 돼. 그게 바로 두 수의 공약수야.

12와 18의 공약수 : **1, 2, 3, 6**

둘 이상 수의 공통된 약수를 **공약수**라고 합니다.
둘 이상 수의 공약수들 중 가장 큰 약수를 **최대공약수**라고 합니다.
이때 최대공약수의 약수는 공약수와 같습니다.

일러두기 두 수의 최대공약수와 공약수를 구하는 과정에서 직사각형을 이용하는 것은 〈유클리드 호제법〉에 따른 것입니다. 6~7쪽에 자세한 소개가 나와 있습니다.

4 최대공약수와 최소공배수는 뭘까?

도전문제(1)

15와 18의 최대공약수와 공약수를 구하세요.

1단계 두 변의 길이가 15와 18인 직사각형 그리기

2단계 두 변 중에서 작은 변을 한 변으로 하는 정사각형 잘라 내기

3단계 남은 직사각형에서 정사각형만 남을 때까지 자르기

4단계 두 수의 최대공약수 구하기

(예)

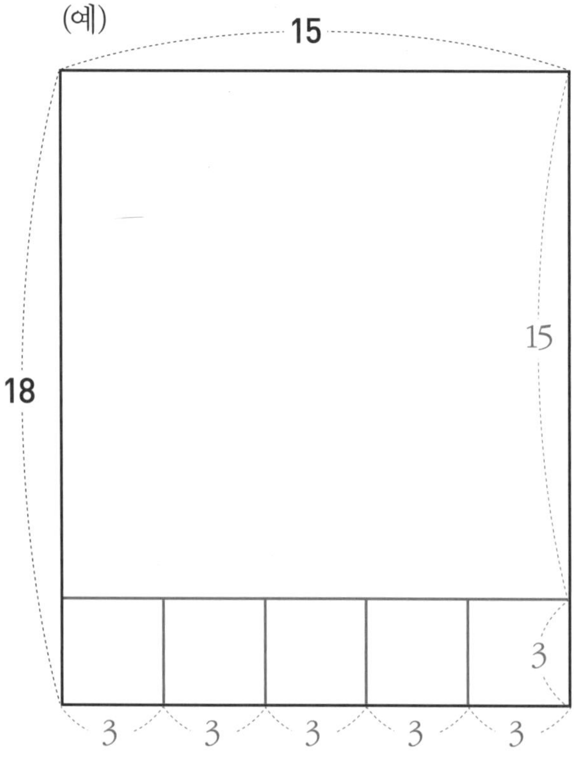

3단계에서 만든 정사각형의 한 변의 길이가 최대공약수야.

15와 18의 최대공약수 : 3

15와 18의 공약수 :

1, 3

최대공약수의 약수를 구하면 돼.

도전문제(2)

16과 24의 최대공약수와 공약수를 구하세요.

1단계 두 변의 길이가 16과 24인 직사각형 그리기

2단계 두 변 중에서 작은 변을 한 변으로 하는 정사각형 잘라 내기

3단계 남은 직사각형에서 정사각형만 남을 때까지 자르기

4단계 두 수의 최대공약수 구하기

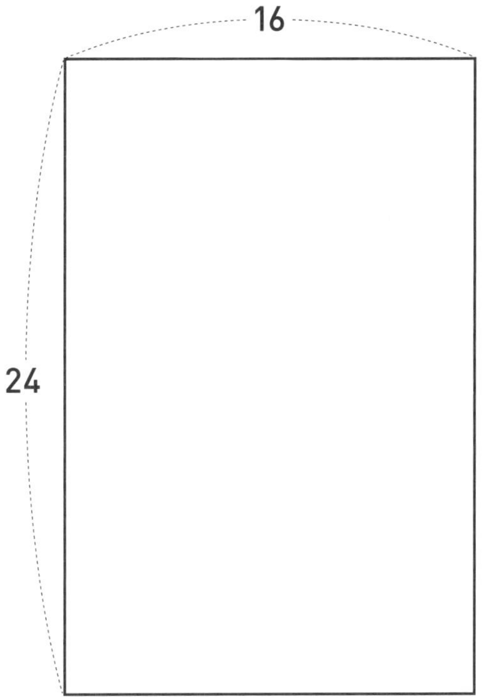

3단계에서 만든 정사각형의 한 변의 길이가 최대공약수야.

16과 24의 최대공약수 :

16과 24의 공약수 :

최대공약수의 약수를 구하면 돼.

4 최대공약수와 최소공배수는 뭘까?

도전문제(3)

24와 18의 최대공약수와 공약수를 구하세요.

1단계 두 변의 길이가 24와 18인 직사각형 그리기

2단계 두 변 중에서 작은 변을 한 변으로 하는 정사각형 잘라 내기

3단계 남은 직사각형에서 정사각형만 남을 때까지 자르기

4단계 두 수의 최대공약수 구하기

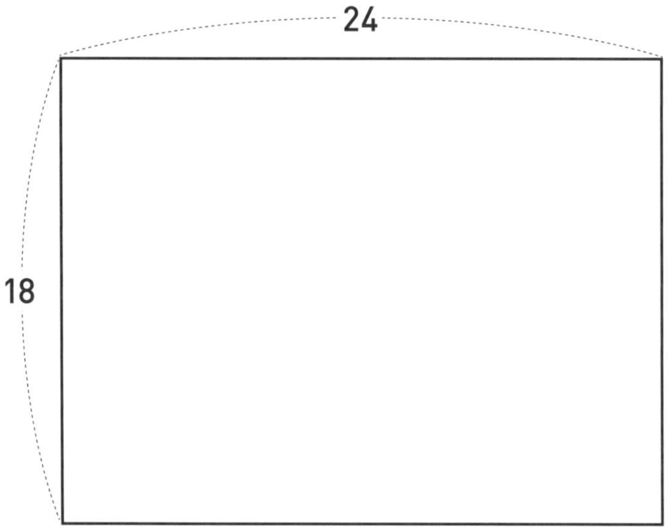

24와 18의 최대공약수 :

3단계에서 만든 정사각형의 한 변의 길이가 최대공약수야.

24와 18의 공약수 :

최대공약수의 약수를 구하면 도ㅐ.

도전문제(4)

32와 24의 최대공약수와 공약수를 구하세요.

1단계 두 변의 길이가 32와 24인 직사각형 그리기

2단계 두 변 중에서 작은 변을 한 변으로 하는 정사각형 잘라 내기

3단계 남은 직사각형에서 정사각형만 남을 때까지 자르기

4단계 두 수의 최대공약수 구하기

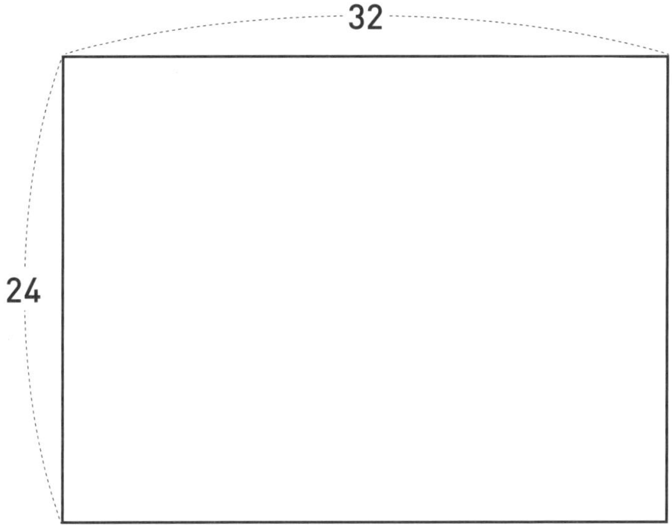

32와 24의 최대공약수 :

3단계에서 만든 정사각형의 한 변의 길이가 최대공약수야.

32와 24의 공약수 :

최대공약수의 약수를 구하면 도4.

최대공약수와 최소공배수는 뭘까?

도전문제(5)

32와 48의 최대공약수와 공약수를 구하세요.

1단계 두 변의 길이가 32와 48인 직사각형 그리기

2단계 두 변 중에서 작은 변을 한 변으로 하는 정사각형 잘라 내기

3단계 남은 직사각형에서 정사각형만 남을 때까지 자르기

4단계 두 수의 최대공약수 구하기

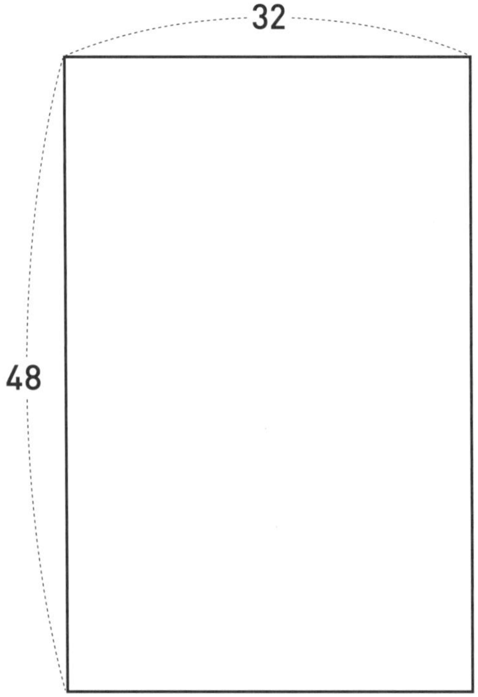

3단계에서 만든 정사각형의 한 변의 길이가 최대공약수야.

32와 48의 최대공약수 :

32와 48의 공약수 :

최대공약수의 약수를 구하면 돼.

최대공약수와 최소공배수는 뭘까?

도전문제(6)

24와 36의 최대공약수와 공약수를 구하세요.

1단계 두 변의 길이가 24와 36인 직사각형 그리기

2단계 두 변 중에서 작은 변을 한 변으로 하는 정사각형 잘라 내기

3단계 남은 직사각형에서 정사각형만 남을 때까지 자르기

4단계 두 수의 최대공약수 구하기

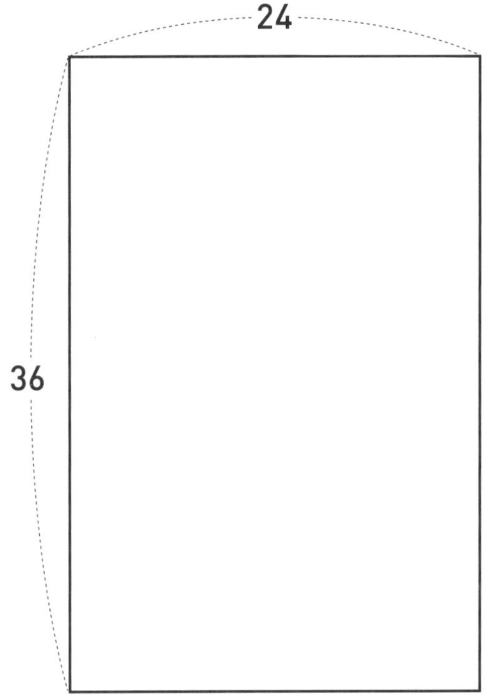

3단계에서 만든 정사각형의 한 변의 길이가 최대공약수야.

24와 36의 최대공약수 :

24와 36의 공약수 :

최대공약수의 약수를 구하면 돼.

4 최대공약수와 최소공배수는 뭘까?

도전문제(7)

32와 56의 최대공약수와 공약수를 구하세요.

1단계 두 변의 길이가 32와 56인 직사각형 그리기

2단계 두 변 중에서 작은 변을 한 변으로 하는 정사각형 잘라 내기

3단계 남은 직사각형에서 정사각형만 남을 때까지 자르기

4단계 두 수의 최대공약수 구하기

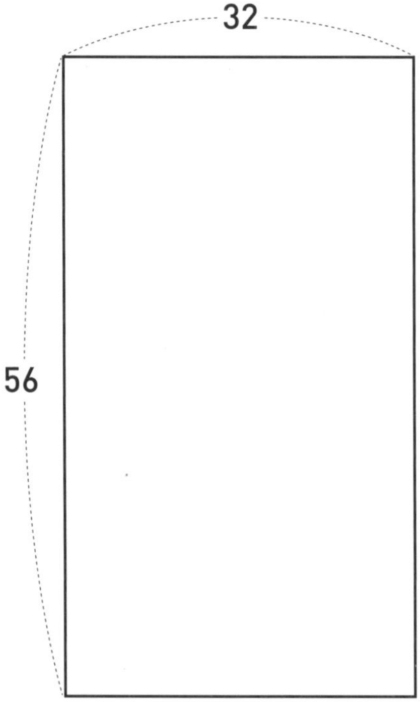

3단계에서 만든 정사각형의 한 변의 길이가 최대공약수야.

32와 56의 최대공약수 :

32와 56의 공약수 :

최대공약수의 약수를 구하면 돼.

도전문제(8)

15와 24의 최대공약수와 공약수를 구하세요.

1단계 두 변의 길이가 15와 24인 직사각형 그리기

2단계 두 변 중에서 작은 변을 한 변으로 하는 정사각형 잘라 내기

3단계 남은 직사각형에서 정사각형만 남을 때까지 자르기

4단계 두 수의 최대공약수 구하기

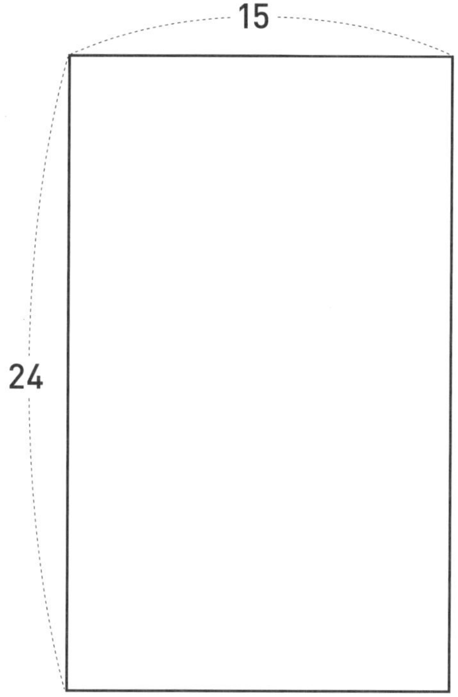

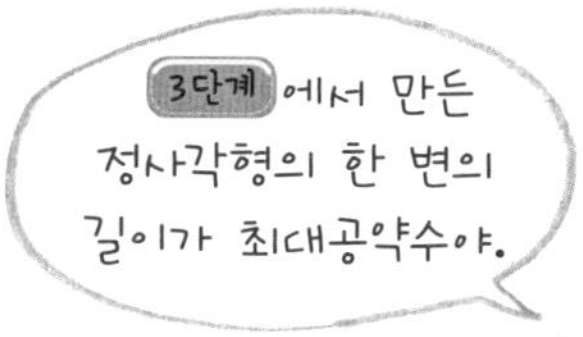

15와 24의 최대공약수 :

15와 24의 공약수 :

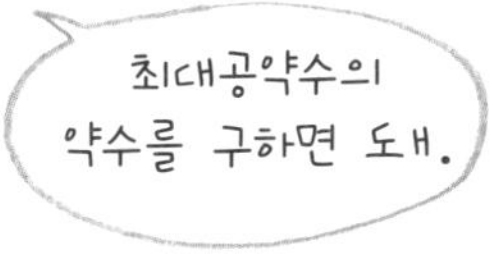

최대공약수와 최소공배수는 뭘까?

도전문제(9)

30과 36의 최대공약수와 공약수를 구하세요.

1단계 두 변의 길이가 30과 36인 직사각형 그리기

2단계 두 변 중에서 작은 변을 한 변으로 하는 정사각형 잘라 내기

3단계 남은 직사각형에서 정사각형만 남을 때까지 자르기

4단계 두 수의 최대공약수 구하기

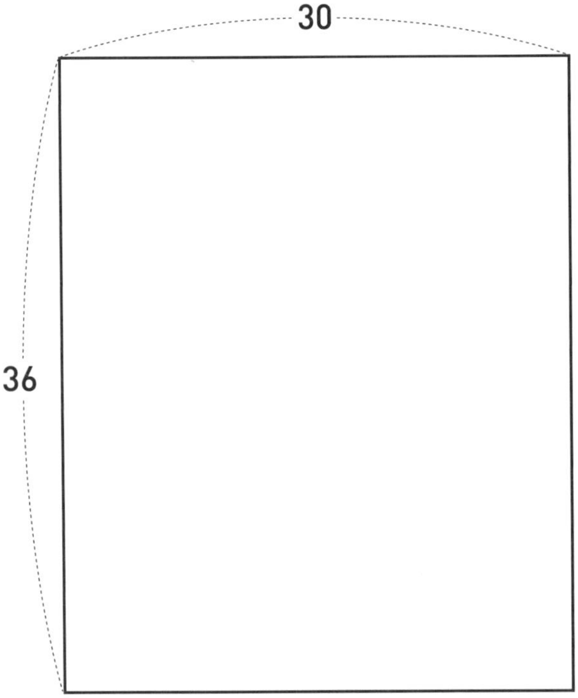

3단계에서 만든 정사각형의 한 변의 길이가 최대공약수야.

30과 36의 최대공약수 :

30과 36의 공약수 :

최대공약수의 약수를 구하면 돼.

도전문제(10)

25와 100의 최대공약수와 공약수를 구하세요.

1단계 두 변의 길이가 25와 100인 직사각형 그리기

2단계 두 변 중에서 작은 변을 한 변으로 하는 정사각형 잘라 내기

3단계 남은 직사각형에서 정사각형만 남을 때까지 자르기

4단계 두 수의 최대공약수 구하기

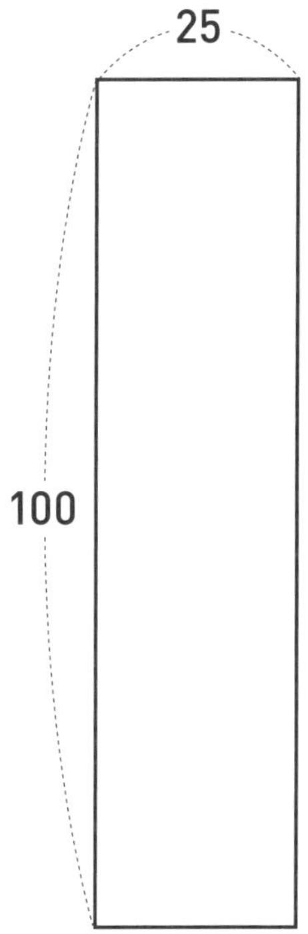

3단계에서 만든 정사각형의 한 변의 길이가 최대공약수야.

25와 100의 최대공약수 :

25와 100의 공약수 :

최대공약수의 약수를 구하면 돼.

4 최대공약수와 최소공배수는 뭘까?

[2] 직사각형으로 최소공배수와 공배수 구하기

직사각형 여러 개를 이어 붙여 정사각형으로 만드는 방법을 사용하여 두 수의 최소공배수와 공배수를 구해 봅시다.

예시문제

12와 18의 최소공배수와 공배수를 구하세요.

1단계 두 변의 길이가 12와 18인 직사각형 그리기

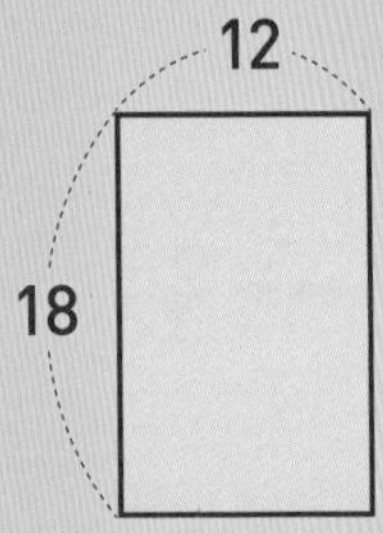

2단계 정사각형이 될 때까지 직사각형을 이어 붙이기

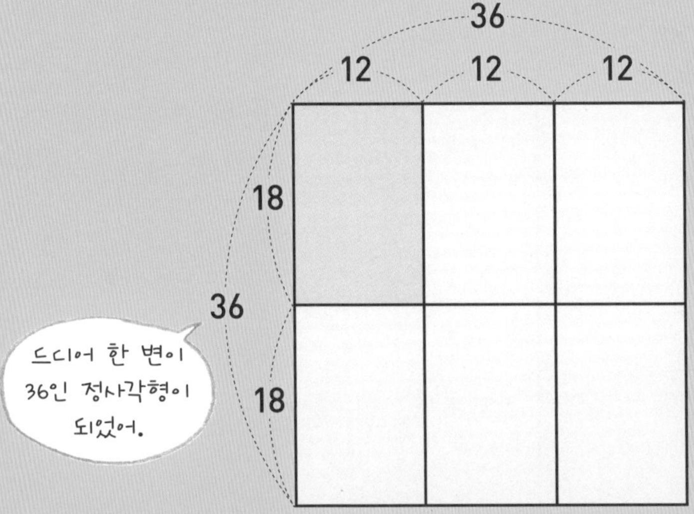

3단계 처음의 직사각형을 이어 붙여서 만들 수 있는 가장 작은 정사각형의 한 변의 길이 구하기

가장 작은 정사각형의 한 변의 길이 : 36

4단계 **두 수의 최소공배수 구하기**

직사각형을 이어 붙여 만들 수 있는 가장 작은 정사각형의 한 변은 36. 그러니까 36이 최소공배수야.

12와 18의 최소공배수 : **36**

5단계 **직사각형을 계속 이어 붙여서 더 큰 정사각형을 만들 수 있습니까?**

예. 그렇습니다.

6단계 **두 수의 공배수 구하기**

계속해서 더 큰 정사각형을 만들 수 있으므로 가장 큰 공배수가 얼마인지는 알 수 없어.

12와 18의 공배수 : **36, 72, 108, 144……**

둘 이상 수의 공통인 배수를 **공배수**라고 합니다.
둘 이상 수의 공배수들 중에서 가장 작은 배수를 **최소공배수**라고 합니다.

요약 직사각형을 계속 이어 붙여서 만든 정사각형의 한 변의 길이는 처음 직사각형의 두 변의 공배수입니다.

최대공약수와 최소공배수는 뭘까?

도전문제(1)

다음은 두 수의 최소공배수를 구하는 과정입니다.
각 단계에 따라 그림을 그리고, 빈칸을 채우세요.

1단계 두 변의 길이가 6과 8인 직사각형 그리기

2단계 이 직사각형을 계속 이어 붙여서 정사각형 모양을 만들기

3단계 처음의 직사각형을 이어 붙여서 만들 수 있는 가장 작은 정사각형의 한 변의 길이 구하기

(예)

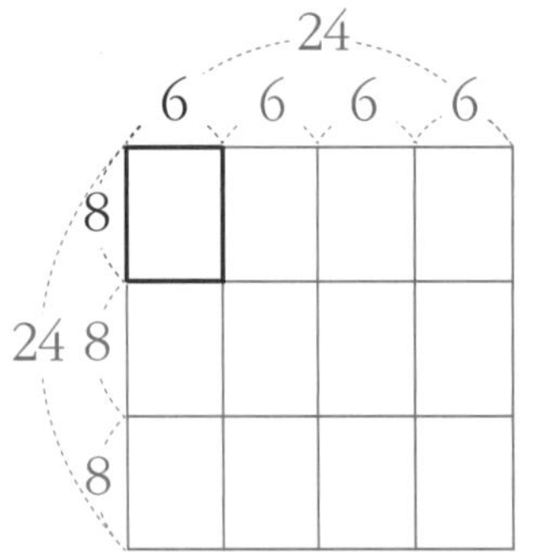

6과 8의 최소공배수 :

24

4단계 계속해서 더 큰 정사각형 2개를 만들기

(예)

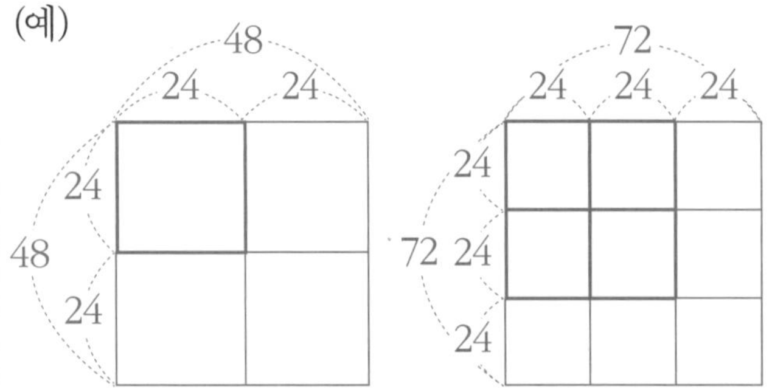

6과 8의 공배수
(작은 수부터 3개) :

24, 48, 72

최대공약수와 최소공배수는 뭘까?

도전문제(2)

다음은 두 수의 최소공배수를 구하는 과정입니다.
각 단계에 따라 그림을 그리고, 빈칸을 채우세요.

1단계 두 변의 길이가 12와 30인 직사각형 그리기

2단계 이 직사각형을 계속 이어 붙여서 정사각형 모양을 만들기

3단계 처음의 직사각형을 이어 붙여서 만들 수 있는 가장 작은 정사각형의 한 변의 길이 구하기

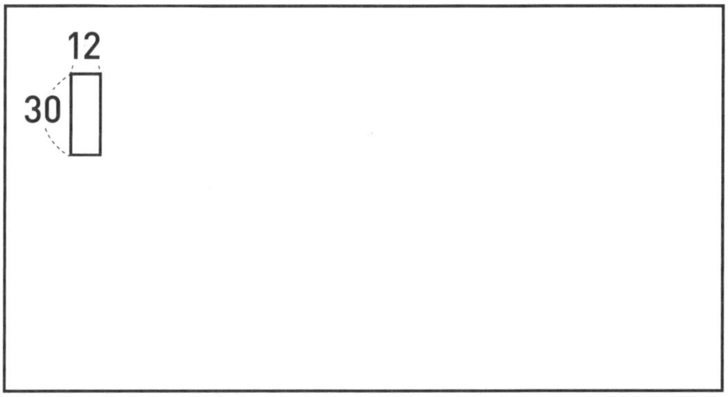

12와 30의 최소공배수 :

4단계 계속해서 더 큰 정사각형 2개를 만들기

12와 30의 공배수
(작은 수부터 3개) :

최대공약수와 최소공배수는 뭘까?

도전문제(3)

다음은 두 수의 최소공배수를 구하는 과정입니다.
각 단계에 따라 그림을 그리고, 빈칸을 채우세요.

1단계 두 변의 길이가 18과 24인 직사각형 그리기

2단계 이 직사각형을 계속 이어 붙여서 정사각형 모양을 만들기

3단계 처음의 직사각형을 이어 붙여서 만들 수 있는 가장 작은 정사각형의 한 변의 길이 구하기

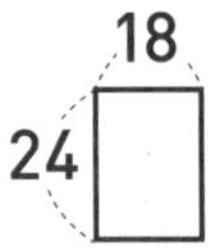

18과 **24**의 최소공배수 :

4단계 계속해서 더 큰 정사각형 2개를 만들기

18과 **24**의 공배수
(작은 수부터 3개) :

도전문제(4)

다음은 두 수의 최소공배수를 구하는 과정입니다.
각 단계에 따라 그림을 그리고, 빈칸을 채우세요.

1단계 두 변의 길이가 32와 48인 직사각형 그리기

2단계 이 직사각형을 계속 이어 붙여서 정사각형 모양을 만들기

3단계 처음의 직사각형을 이어 붙여서 만들 수 있는 가장 작은 정사각형의 한 변의 길이 구하기

32와 **48**의 최소공배수 :

4단계 계속해서 더 큰 정사각형 2개를 만들기

32와 **48**의 공배수
(작은 수부터 3개) :

최대공약수와 최소공배수는 뭘까?

도전문제(5)

다음은 두 수의 최소공배수를 구하는 과정입니다.
각 단계에 따라 그림을 그리고, 빈칸을 채우세요.

1단계 두 변의 길이가 24와 32인 직사각형 그리기

2단계 이 직사각형을 계속 이어 붙여서 정사각형 모양을 만들기

3단계 처음의 직사각형을 이어 붙여서 만들 수 있는 가장 작은 정사각형의 한 변의 길이 구하기

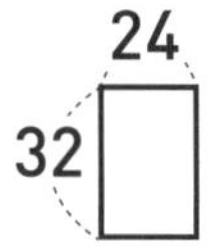

24와 **32**의 최소공배수 :

4단계 계속해서 더 큰 정사각형 2개를 만들기

24와 **32**의 공배수
(작은 수부터 3개) :

도전문제(6)

다음은 두 수의 최소공배수를 구하는 과정입니다.
각 단계에 따라 그림을 그리고, 빈칸을 채우세요.

1단계 두 변의 길이가 16과 24인 직사각형 그리기

2단계 이 직사각형을 계속 이어 붙여서 정사각형 모양을 만들기

3단계 처음의 직사각형을 이어 붙여서 만들 수 있는 가장 작은 정사각형의 한 변의 길이 구하기

16과 24의 최소공배수 :

4단계 계속해서 더 큰 정사각형 2개를 만들기

16과 24의 공배수
(작은 수부터 3개) :

최대공약수와 최소공배수는 뭘까?

도전문제(7)

다음은 두 수의 최소공배수를 구하는 과정입니다.
각 단계에 따라 그림을 그리고, 빈칸을 채우세요.

1단계 두 변의 길이가 32와 40인 직사각형 그리기

2단계 이 직사각형을 계속 이어 붙여서 정사각형 모양을 만들기

3단계 처음의 직사각형을 이어 붙여서 만들 수 있는 가장 작은 정사각형의 한 변의 길이 구하기

32와 **40**의 최소공배수 :

4단계 계속해서 더 큰 정사각형 2개를 만들기

32와 **40**의 공배수
(작은 수부터 3개) :

도전문제(8)

다음은 두 수의 최소공배수를 구하는 과정입니다.
각 단계에 따라 그림을 그리고, 빈칸을 채우세요.

1단계 두 변의 길이가 24와 36인 직사각형 그리기

2단계 이 직사각형을 계속 이어 붙여서 정사각형 모양을 만들기

3단계 처음의 직사각형을 이어 붙여서 만들 수 있는 가장 작은 정사각형의 한 변의 길이 구하기

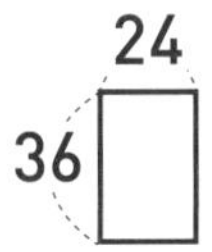

24와 **36**의 최소공배수 :

4단계 계속해서 더 큰 정사각형 2개를 만들기

24와 **36**의 공배수
(작은 수부터 3개) :

최대공약수와 최소공배수는 뭘까?

도전문제(9)

다음은 두 수의 최소공배수를 구하는 과정입니다.
각 단계에 따라 그림을 그리고, 빈칸을 채우세요.

1단계 두 변의 길이가 4와 5인 직사각형 그리기

2단계 이 직사각형을 계속 이어 붙여서 정사각형 모양을 만들기

3단계 처음의 직사각형을 이어 붙여서 만들 수 있는 가장 작은 정사각형의 한 변의 길이 구하기

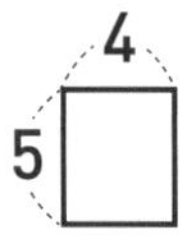

4와 5의 최소공배수 :

4단계 계속해서 더 큰 정사각형 2개를 만들기

4와 5의 공배수
(작은 수부터 3개) :

도전문제(10)

다음은 두 수의 최소공배수를 구하는 과정입니다.
각 단계에 따라 그림을 그리고, 빈칸을 채우세요.

1단계 두 변의 길이가 25와 100인 직사각형 그리기

2단계 이 직사각형을 계속 이어 붙여서 정사각형 모양을 만들기

3단계 처음의 직사각형을 이어 붙여서 만들 수 있는 가장 작은 정사각형의 한 변의 길이 구하기

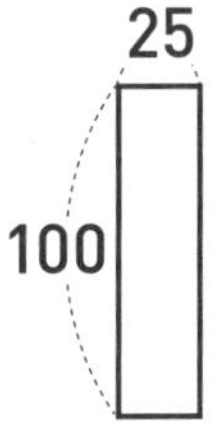

25와 100의 최소공배수 :

4단계 계속해서 더 큰 정사각형 2개를 만들기

25와 100의 공배수
(작은 수부터 3개) :

최대공약수와 최소공배수는 뭘까?

[3] 세로 나눗셈으로 최대공약수와 최소공배수 구하기

직사각형을 이용해서 두 수의 최대공약수와 최소공배수를 구하는 방법과 세로 나눗셈을 사용해서 간단히 두 수의 최대공약수와 최소공배수를 구하는 방법을 서로 연결해 봅시다.

1단계 직사각형을 사용해서 12와 18의 최대공약수 구하기

두 변의 길이가 12와 18인 직사각형을 잘라서 만들 수 있는 가장 큰 정사각형의 한 변의 길이는 6입니다.

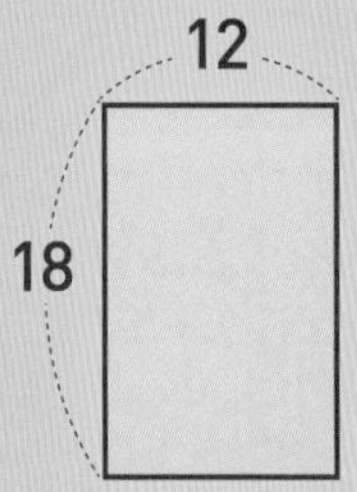

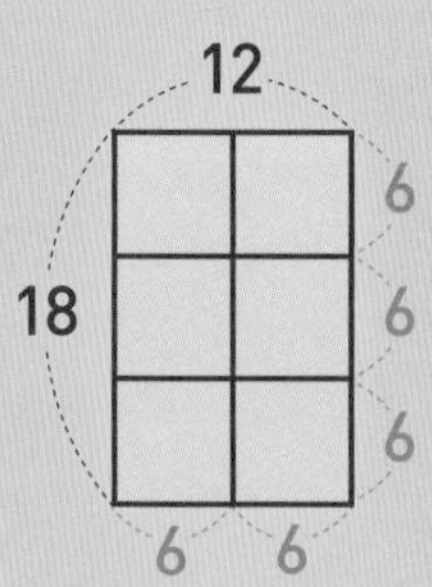

2단계 세로 나눗셈을 사용해서 12와 18의 최대공약수 구하기

(1) 12와 18을 나란히 쓴 다음 이 두 수를 동시에 나누어떨어지게 하는 수를 구하면 6입니다.

12÷6=2이고,
18÷6=3이야.

) 12 18 → 6) 12 18 → 6) 12 18 (몫: 2 3)

(2) 두 수의 몫을 아래에 쓸 수 있도록 세로 나눗셈을 뒤집어서 씁니다.

6) 12 18
　　 2 3

12와 18의
최대공약수는 6

3단계 **직사각형을 사용해서 12와 18의 최소공배수 구하기**

두 변의 길이가 12와 18인 직사각형을 계속 이어 붙여서 만들 수 있는 가장 작은 정사각형의 한 변의 길이는 36입니다.

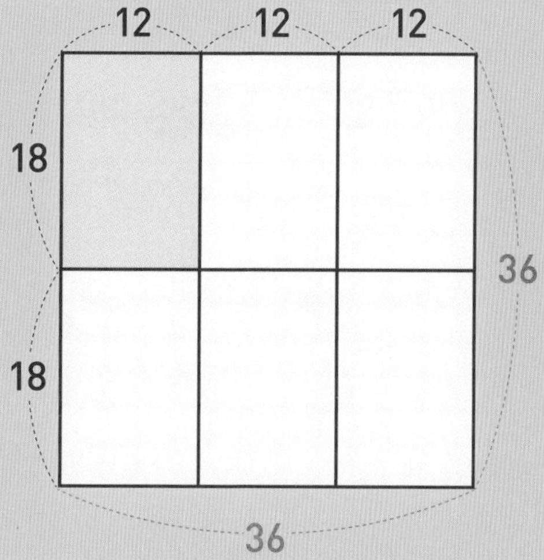

4단계 **세로 나눗셈을 사용해서 12와 18의 최소공배수 구하기**

2단계의 세로 나눗셈 모양에 나온 숫자들을 니은(ㄴ) 자 모양으로 모두 곱하면 36입니다.

$$\begin{array}{r|rr} 6 & 12 & 18 \\ \hline & 2 & 3 \end{array} \qquad 6 \times 2 \times 3 = 36$$

5단계 **간단히 12와 18의 최대공약수와 최소공배수 구하기**

$$\begin{array}{r|rr} 6 & 12 & 18 \\ \hline & 2 & 3 \end{array}$$

최대공약수는 6

최소공배수는 6×2×3

일러두기 세로 나눗셈 모양을 뒤집은 이유는 뭘까요? 나눗셈을 계속하려면 위쪽보다는 아래쪽에 공간이 많은 것이 좋기 때문입니다.

4 최대공약수와 최소공배수는 뭘까?

도전문제(1)

다음은 두 수의 최대공약수와 최소공배수를 구하는 과정입니다.
각 단계에 따라 그림을 그리고, 빈칸을 채우세요.

1단계 두 변의 길이가 4와 6인 직사각형 이용하기

(예)

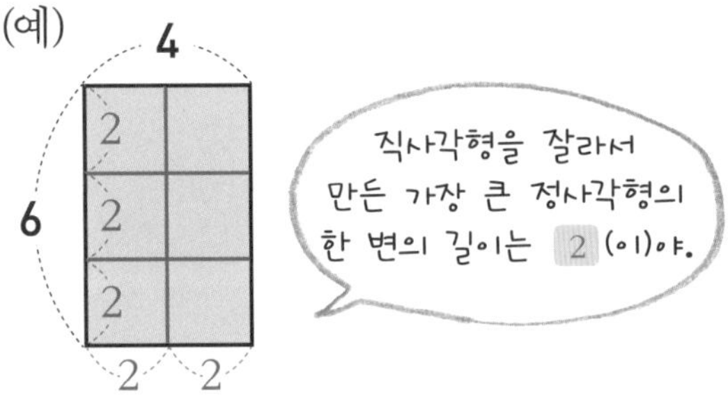

2단계 세로 나눗셈을 사용해서 4와 6의 최대공약수 구하기

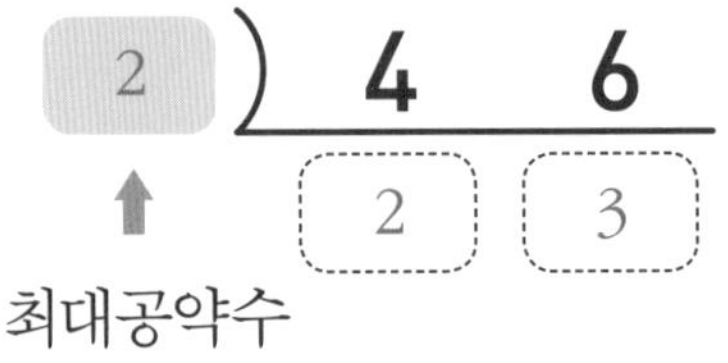

3단계 직사각형을 사용해서 4와 6의 최소공배수 구하기

(예)

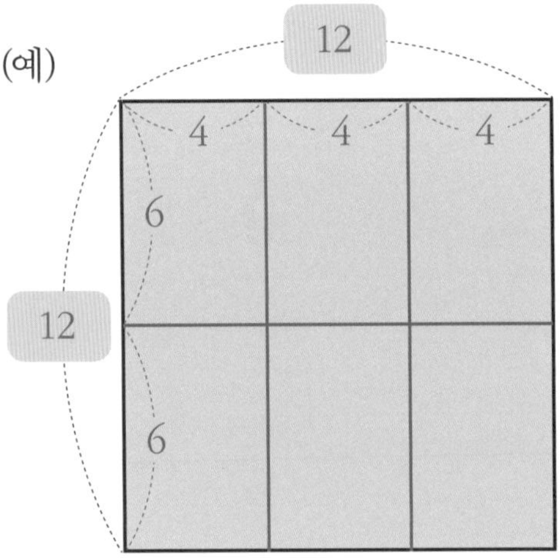

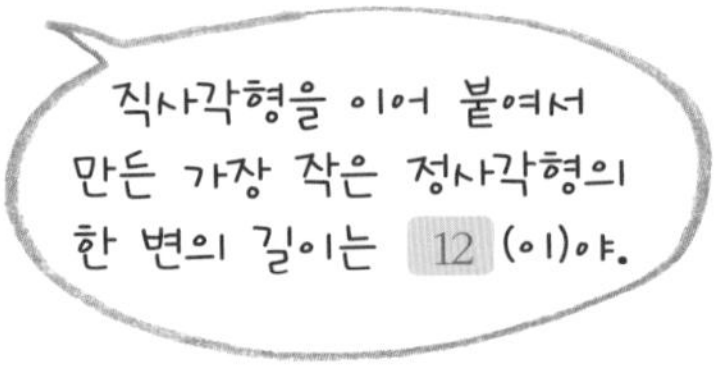

4단계 세로 나눗셈을 사용해서 4와 6의 최소공배수 구하기

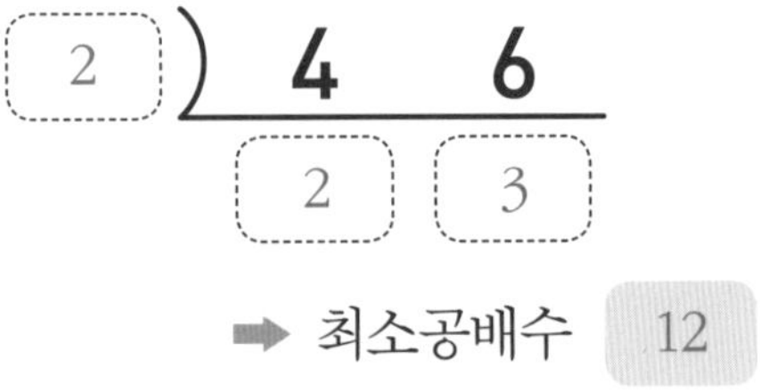

최대공약수와 최소공배수는 뭘까?

도전문제(2)

다음은 두 수의 최대공약수와 최소공배수를 구하는 과정입니다.
각 단계에 따라 그림을 그리고, 빈칸을 채우세요.

1단계 두 변의 길이가 6과 9인 직사각형 이용하기

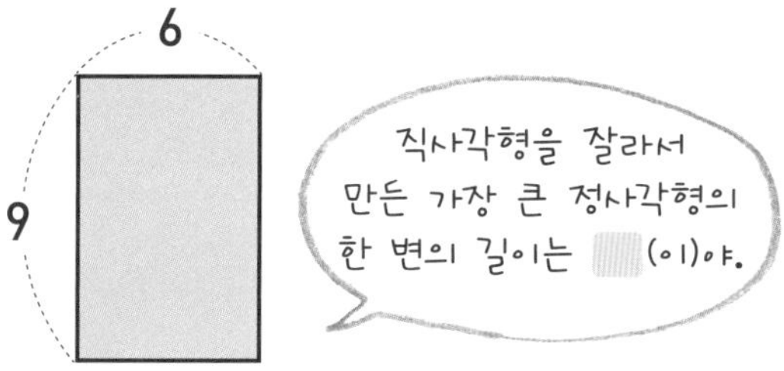

2단계 세로 나눗셈을 사용해서 6과 9의 최대공약수 구하기

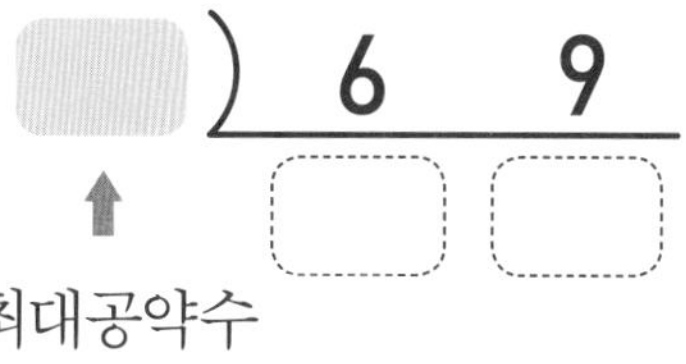

3단계 직사각형을 사용해서 6과 9의 최소공배수 구하기

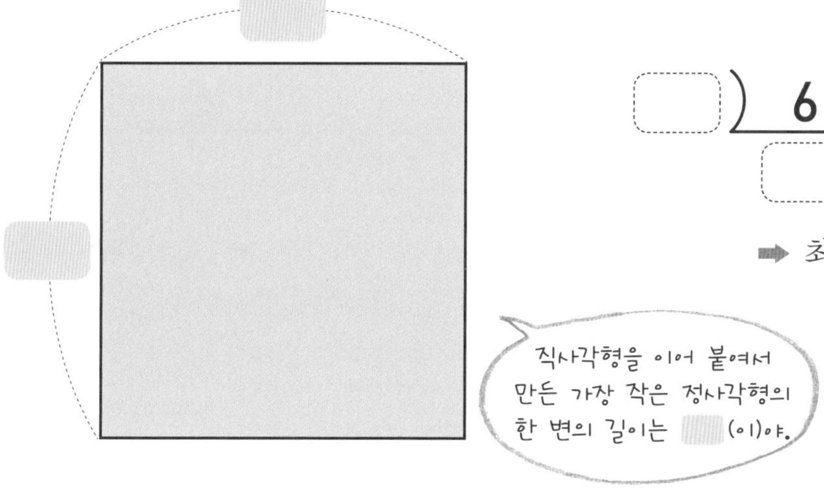

4단계 세로 나눗셈을 사용해서 6과 9의 최소공배수 구하기

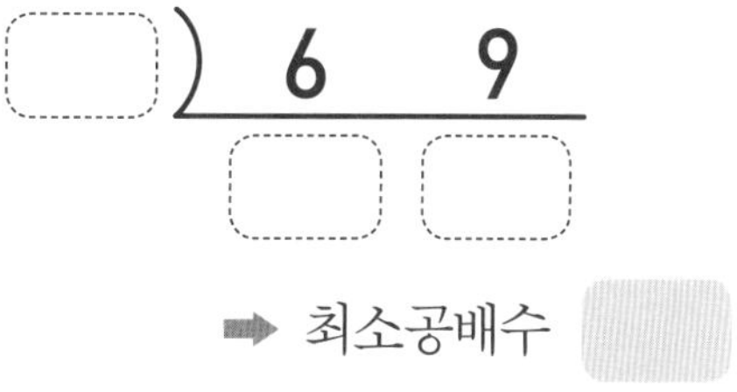

최대공약수와 최소공배수는 뭘까?

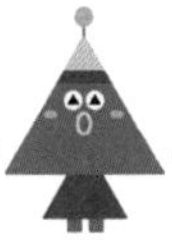

도전문제(3)

다음은 두 수의 최대공약수와 최소공배수를 구하는 과정입니다.
각 단계에 따라 그림을 그리고, 빈칸을 채우세요.

1단계 두 변의 길이가 10과 15인 직사각형 이용하기

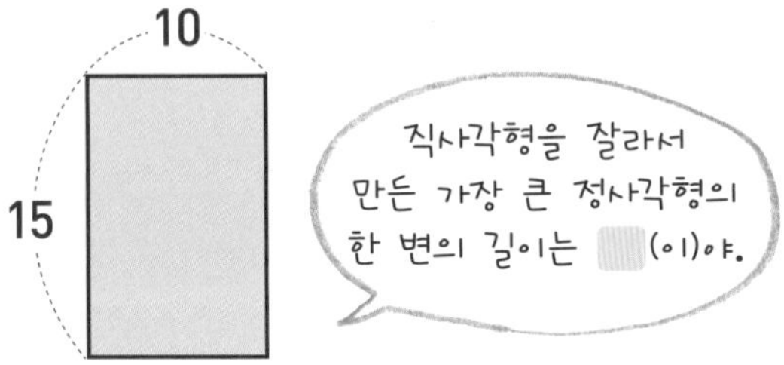

2단계 세로 나눗셈을 사용해서 10과 15의 최대공약수 구하기

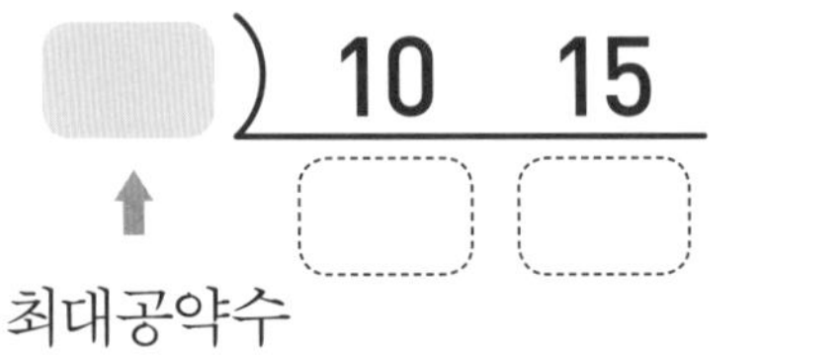

3단계 직사각형을 사용해서 10과 15의 최소공배수 구하기

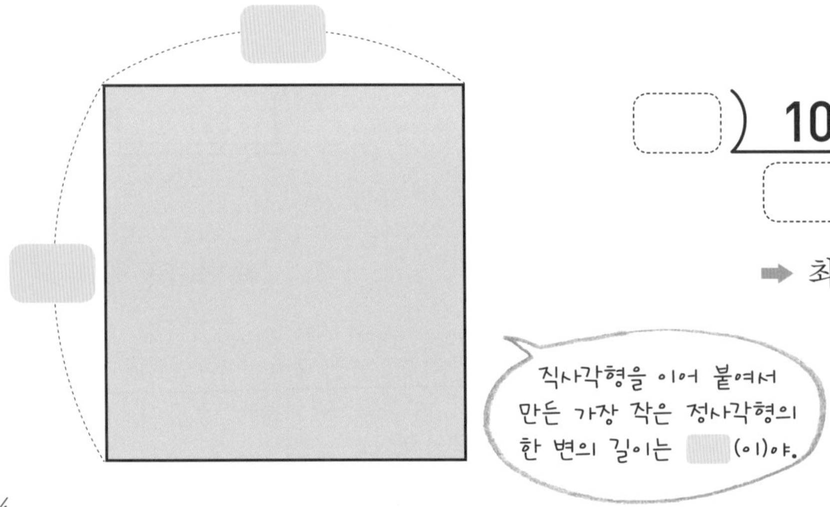

4단계 세로 나눗셈을 사용해서 10과 15의 최소공배수 구하기

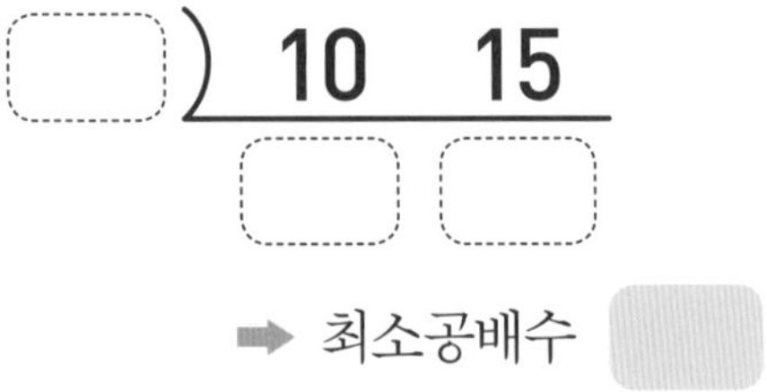

최대공약수와 최소공배수는 뭘까?

도전문제(4)

다음은 두 수의 최대공약수와 최소공배수를 구하는 과정입니다.
각 단계에 따라 그림을 그리고, 빈칸을 채우세요.

1단계 두 변의 길이가 12와 18인 직사각형 이용하기

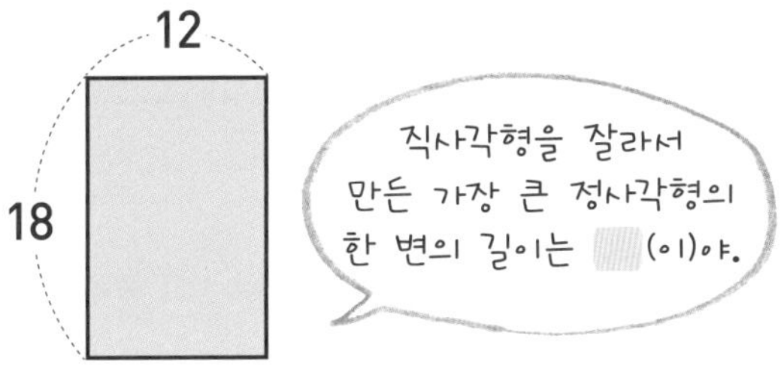

2단계 세로 나눗셈을 사용해서 12와 18의 최대공약수 구하기

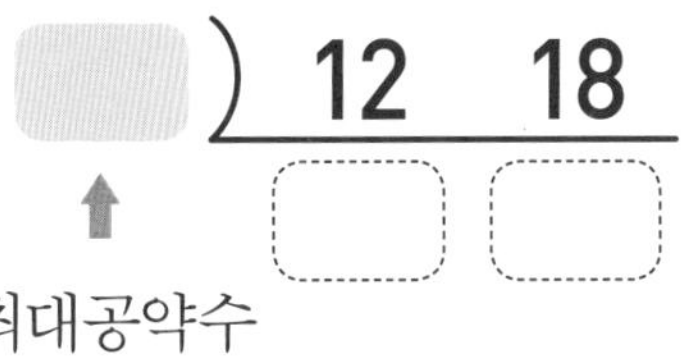

3단계 직사각형을 사용해서 12와 18의 최소공배수 구하기

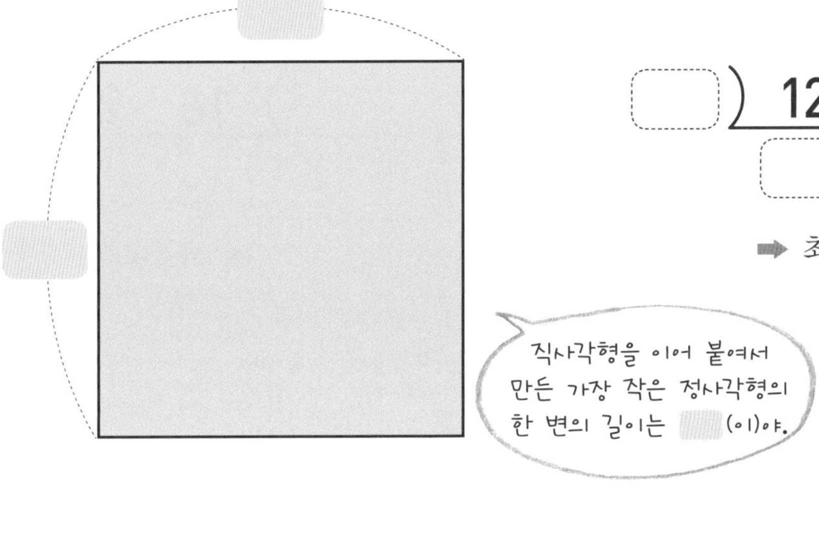

4단계 세로 나눗셈을 사용해서 12와 18의 최소공배수 구하기

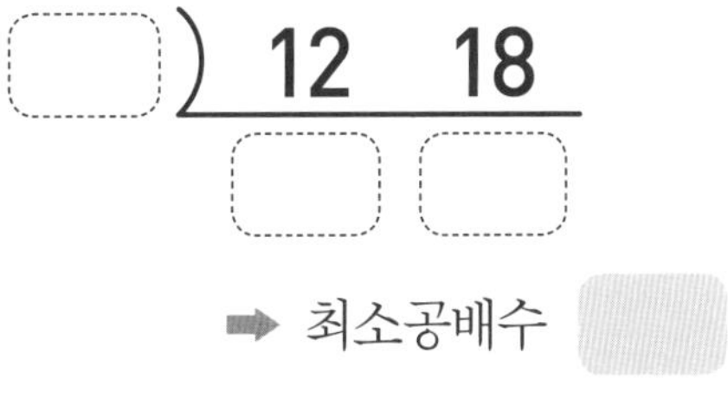

4 최대공약수와 최소공배수는 뭘까?

도전문제(5)

다음은 두 수의 최대공약수와 최소공배수를 구하는 과정입니다.
각 단계에 따라 그림을 그리고, 빈칸을 채우세요.

1단계 두 변의 길이가 16과 20인 직사각형 이용하기

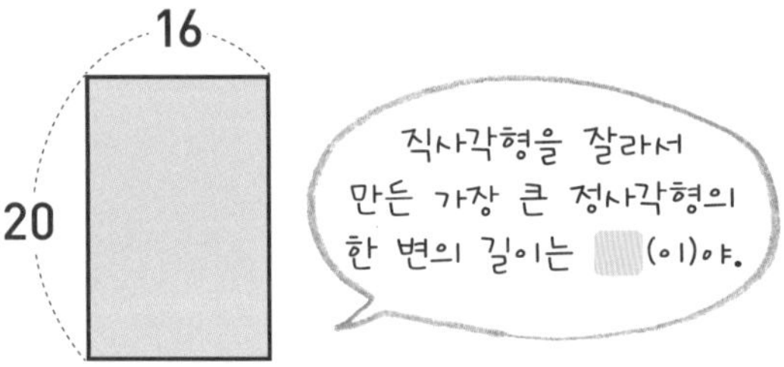

2단계 세로 나눗셈을 사용해서 16과 20의 최대공약수 구하기

3단계 직사각형을 사용해서 16과 20의 최소공배수 구하기

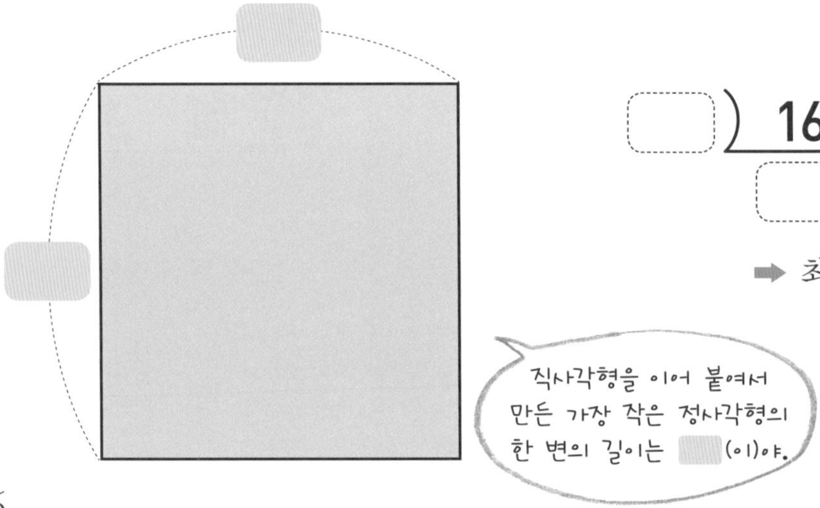

4단계 세로 나눗셈을 사용해서 16과 20의 최소공배수 구하기

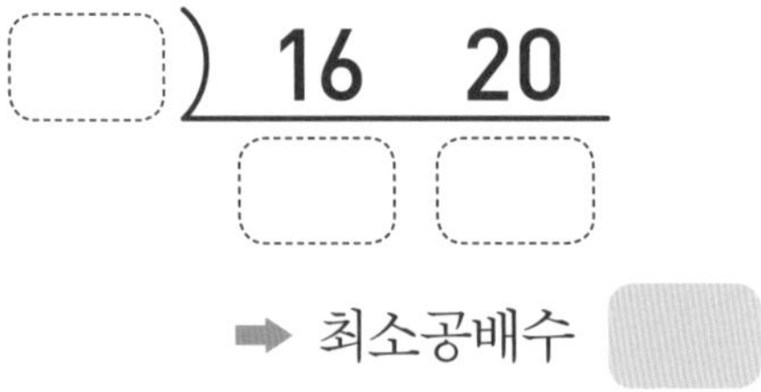

도전문제(6)

다음은 두 수의 최대공약수와 최소공배수를 구하는 과정입니다.
각 단계에 따라 그림을 그리고, 빈칸을 채우세요.

1단계 두 변의 길이가 18과 27인 직사각형 이용하기

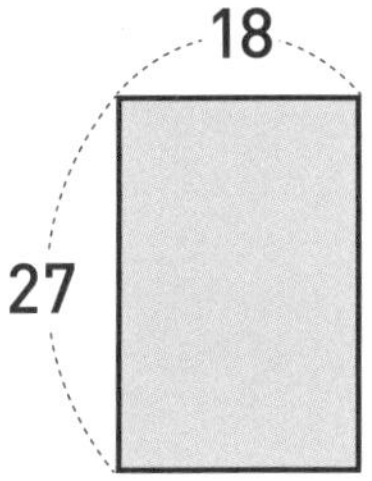

직사각형을 잘라서 만든 가장 큰 정사각형의 한 변의 길이는 ☐(이)야.

2단계 세로 나눗셈을 사용해서 18과 27의 최대공약수 구하기

☐) 18 27
　　☐ ☐

↑ 최대공약수

3단계 직사각형을 사용해서 18과 27의 최소공배수 구하기

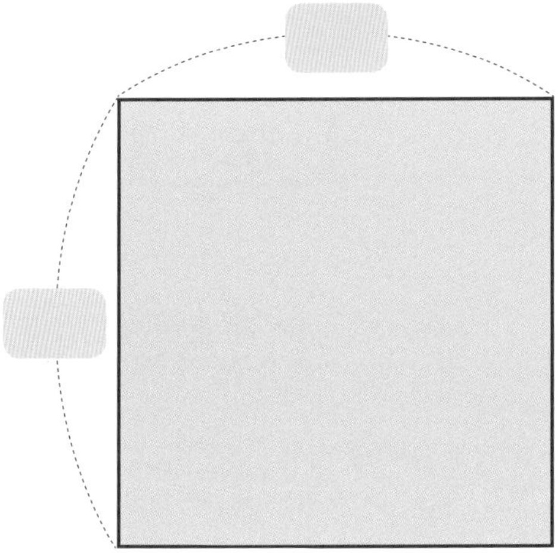

직사각형을 이어 붙여서 만든 가장 작은 정사각형의 한 변의 길이는 ☐(이)야.

4단계 세로 나눗셈을 사용해서 18과 27의 최소공배수 구하기

☐) 18 27
　　☐ ☐

➡ 최소공배수 ☐

최대공약수와 최소공배수는 뭘까?

도전문제(7)

다음은 두 수의 최대공약수와 최소공배수를 구하는 과정입니다.
각 단계에 따라 그림을 그리고, 빈칸을 채우세요.

1단계 두 변의 길이가 9와 12인 직사각형 이용하기

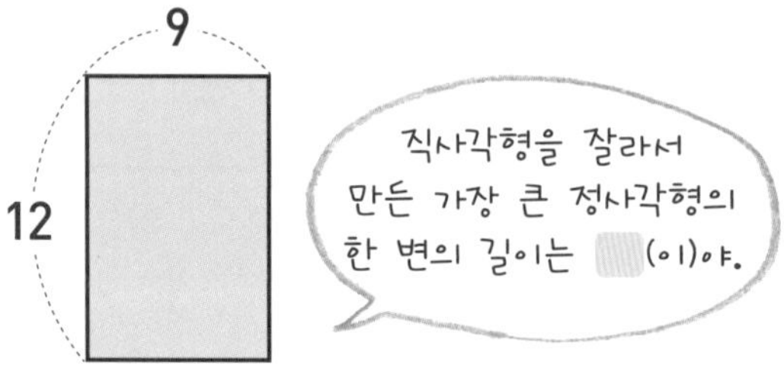

2단계 세로 나눗셈을 사용해서 9와 12의 최대공약수 구하기

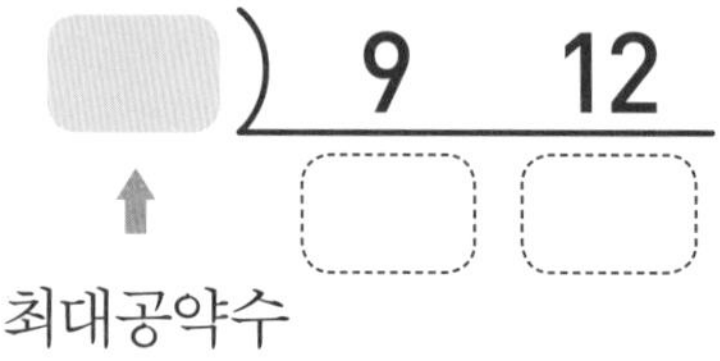

3단계 직사각형을 사용해서 9와 12의 최소공배수 구하기

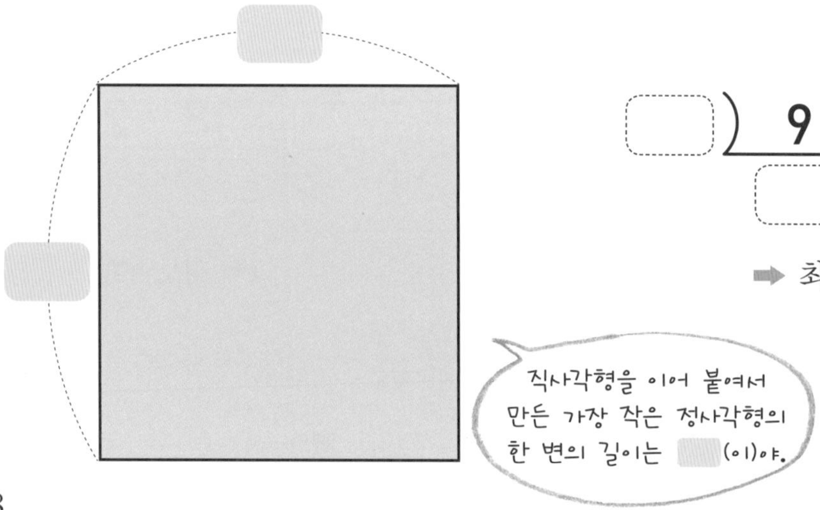

4단계 세로 나눗셈을 사용해서 9와 12의 최소공배수 구하기

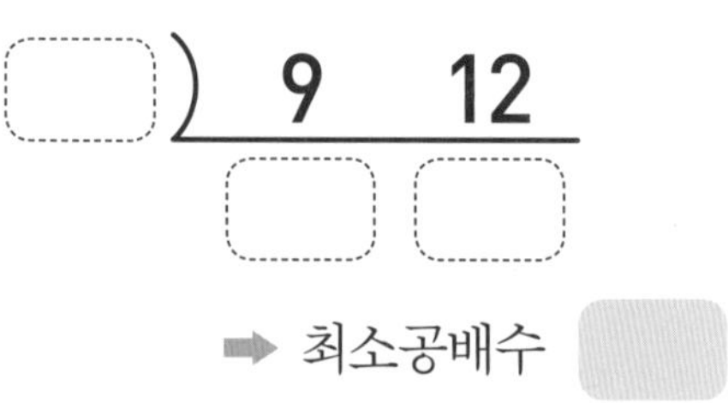

도전문제(8)

다음은 두 수의 최대공약수와 최소공배수를 구하는 과정입니다.
각 단계에 따라 그림을 그리고, 빈칸을 채우세요.

1단계 두 변의 길이가 14와 21인 직사각형 이용하기

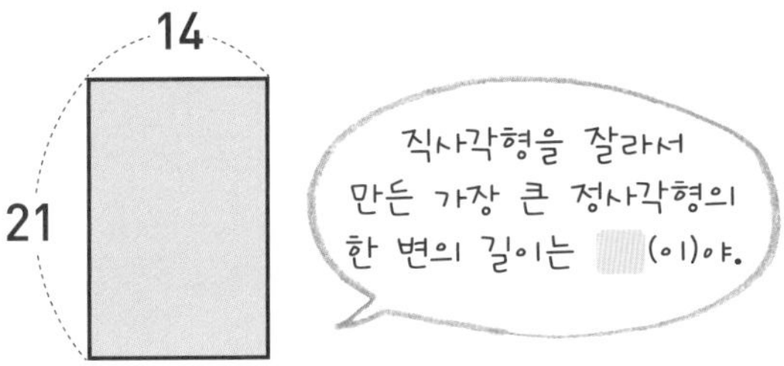

2단계 세로 나눗셈을 사용해서 14와 21의 최대공약수 구하기

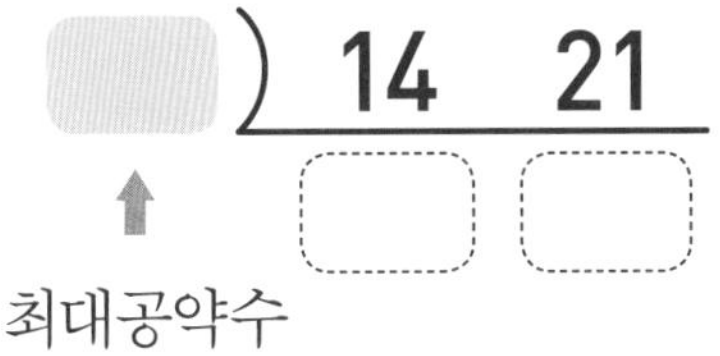

3단계 직사각형을 사용해서 14와 21의 최소공배수 구하기

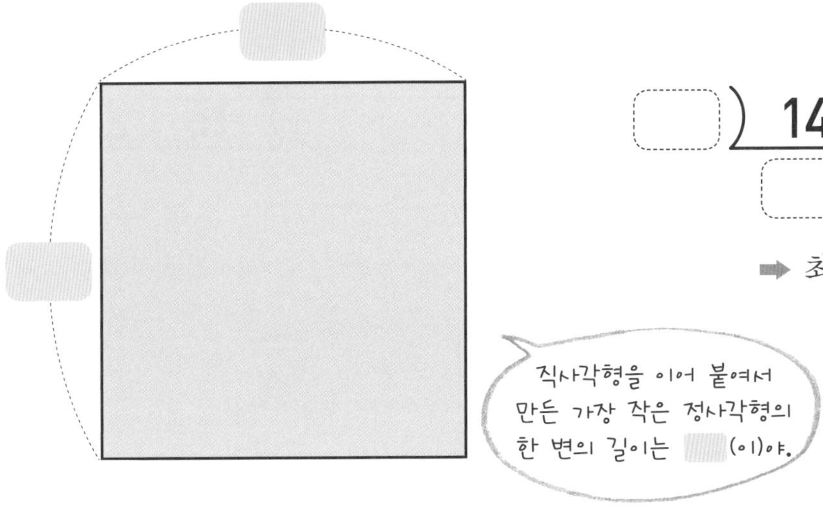

4단계 세로 나눗셈을 사용해서 14와 21의 최소공배수 구하기

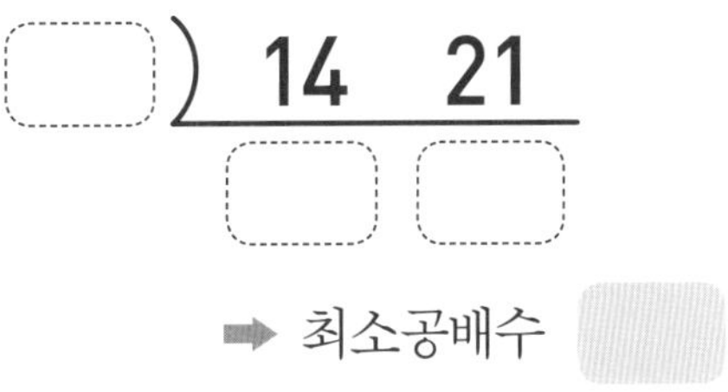

최대공약수와 최소공배수는 뭘까?

도전문제(9)

다음은 두 수의 최대공약수와 최소공배수를 구하는 과정입니다.
각 단계에 따라 그림을 그리고, 빈칸을 채우세요.

1단계 두 변의 길이가 15와 25인 직사각형 이용하기

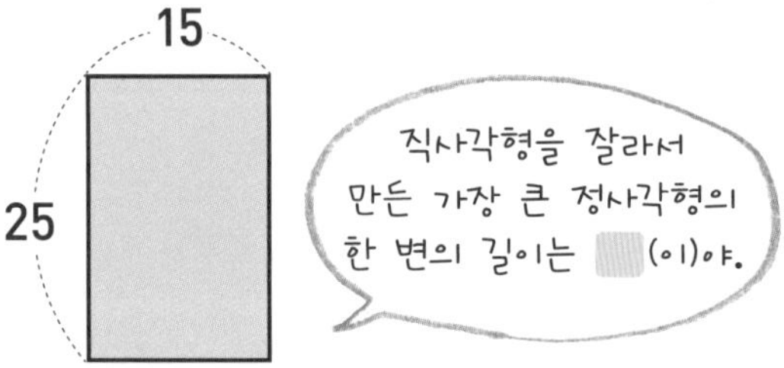

2단계 세로 나눗셈을 사용해서 15와 25의 최대공약수 구하기

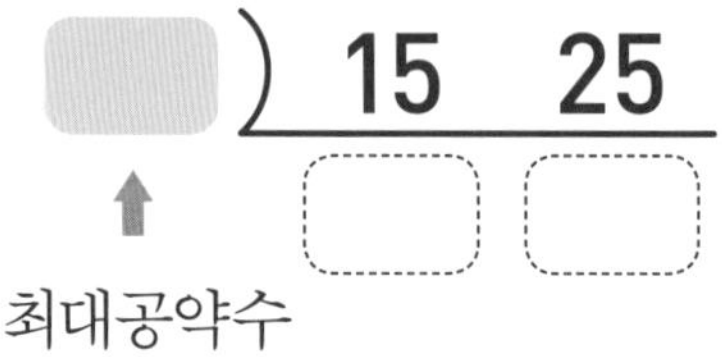

3단계 직사각형을 사용해서 15와 25의 최소공배수 구하기

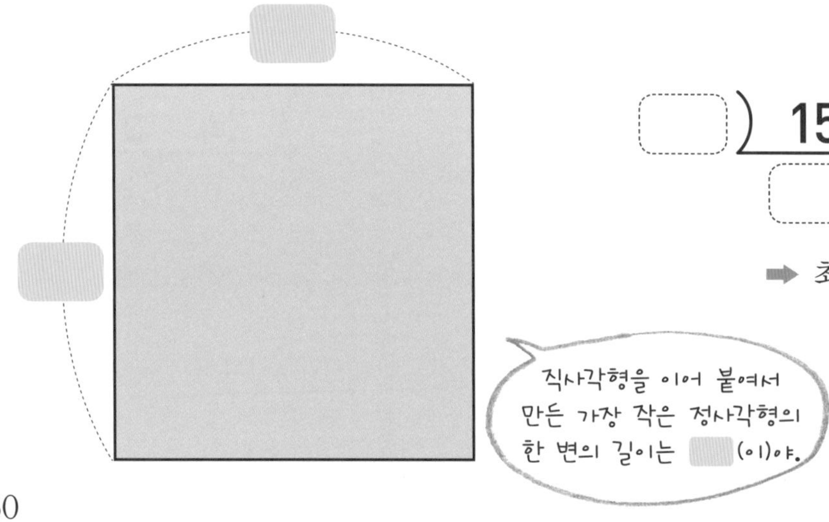

4단계 세로 나눗셈을 사용해서 15와 25의 최소공배수 구하기

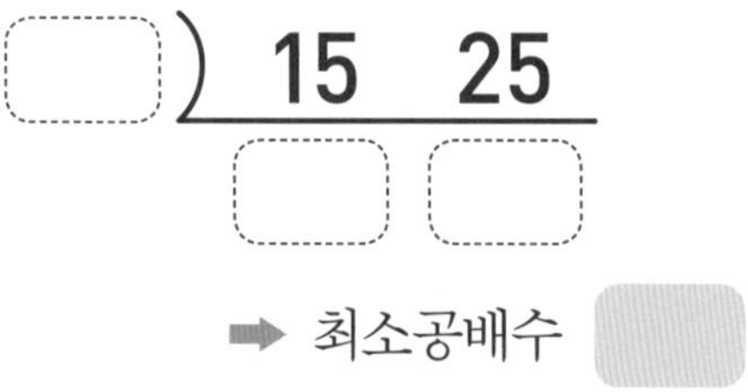

도전문제(10)

다음은 두 수의 최대공약수와 최소공배수를 구하는 과정입니다.
각 단계에 따라 그림을 그리고, 빈칸을 채우세요.

1단계 두 변의 길이가 24와 56인 직사각형 이용하기

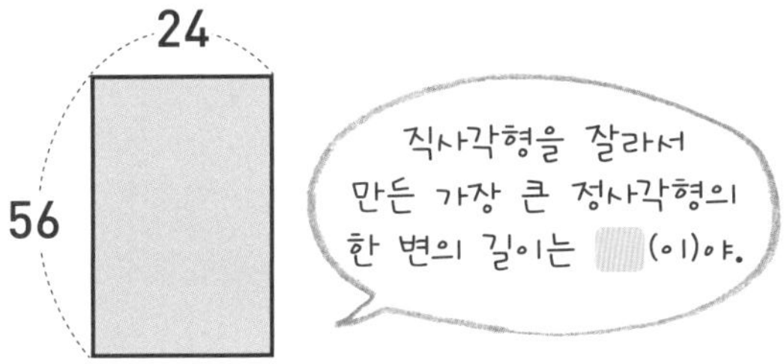

2단계 세로 나눗셈을 사용해서 24와 56의 최대공약수 구하기

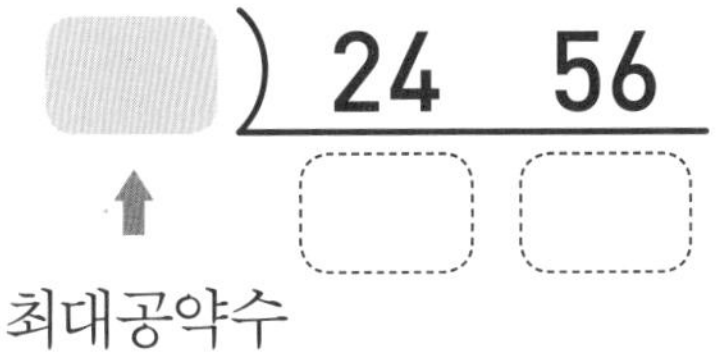

3단계 직사각형을 사용해서 24와 56의 최소공배수 구하기

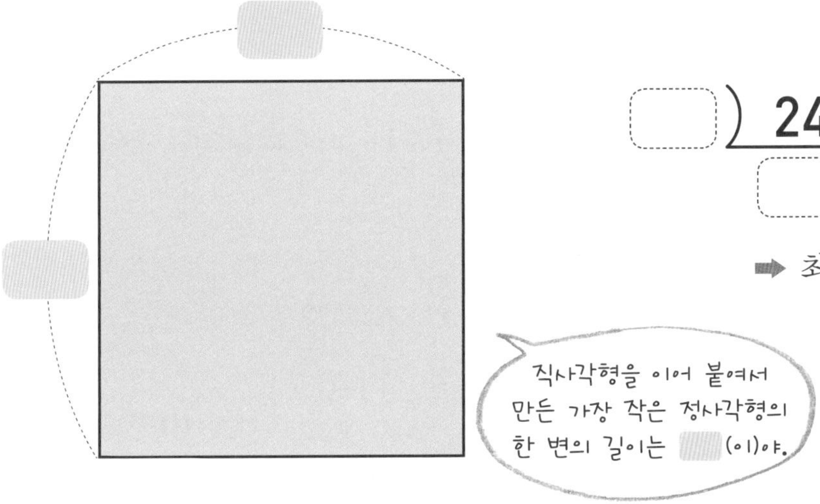

4단계 세로 나눗셈을 사용해서 24와 56의 최소공배수 구하기

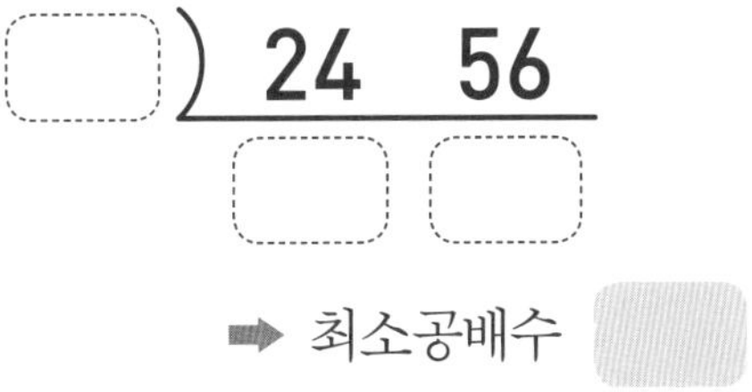

최대공약수와 최소공배수는 뭘까?

[4] 곱셈식으로 최대공약수와 최소공배수 구하기

하나의 수를 여러 수의 곱으로 나타내는 방법을 사용하여 간단하게 두 수의 최대공약수와 최소공배수를 구하는 방법을 알아봅시다.

예시문제

12와 18을 여러 수의 곱으로 나타낸 다음, 최대공약수와 최소공배수를 구하세요.

1단계 12와 18을 여러 수의 곱으로 나타내기

(1) 몫을 가로선 아래에 쓰는 세로 나눗셈법을 이용하면 12를 여러 수의 곱으로 나타낼 수 있어요.

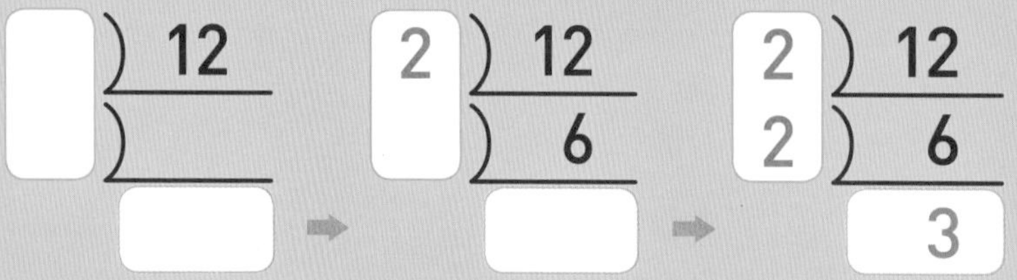

→ 12 = 2 × 2 × 3

(2) 몫을 가로선 아래에 쓰는 세로 나눗셈법을 이용하면 18을 여러 수의 곱으로 나타낼 수 있어요.

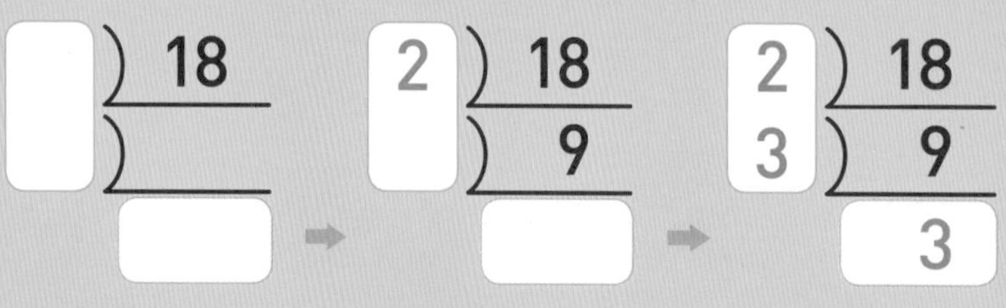

→ 18 = 2 × 3 × 3

2단계 12와 18의 최대공약수와 최소공배수 구하기

하나의 세로셈 안에 두 수를 나란히 쓴 다음 계속해서 몫을 구하면 최대공약수와 최소공배수를 쉽게 구할 수 있어요.

	=12	=18
☐)	$2\times2\times3$	$2\times3\times3$
)		
	☐	

공통 약수

2)	$2\times2\times3$	$2\times3\times3$
)	2×3	3×3
➡	☐	

공통 약수

2)	$2\times2\times3$	$2\times3\times3$
3)	2×3	3×3
➡	2	3

12, 18의 최대공약수: $2\times3=6$

최소공배수: $2\times3\times2\times3=36$

요약 두 수의 최대공약수와 최소공배수 구하는 법

최대공약수 ☐) 12 18

최소공배수 ☐) 12 18

최대공약수와 최소공배수는 뭘까?

도전문제(1)

다음은 하나의 수를 여러 수의 곱으로 나타내는 과정입니다.
세로 나눗셈을 한 다음 빈칸에 알맞은 수를 쓰세요.

① □) 4
  □ ➡ 4 = □ × □

② □) 6
  □ ➡ 6 = □ × □

③ □) 8
  □) □
  □ ➡ 8 = □ × □ × □

④ □) 9
  □ ➡ 9 = □ × □

⑤ □) 10
  □ ➡ 10 = □ × □

도전문제(2)

다음은 하나의 수를 여러 수의 곱으로 나타내는 과정입니다.
세로 나눗셈을 한 다음 빈칸에 알맞은 수를 쓰세요.

① □) 12
□) □
□ ➡ 12 = □ × □ × □

② □) 14
□ ➡ 14 = □ × □

③ □) 15
□ ➡ 15 = □ × □

④ □) 16
□) □
□) □
□ ➡ 16 = □ × □ × □ × □

4 최대공약수와 최소공배수는 뭘까?

도전문제(3)

다음은 하나의 수를 여러 수의 곱으로 나타내는 과정입니다.
세로 나눗셈을 한 다음 빈칸에 알맞은 수를 쓰세요.

① □) 18
□) □
□

➡ 18 = □ × □ × □

② □) 20
□) □
□

➡ 20 = □ × □ × □

③ □) 21
□

➡ 21 = □ × □

④ □) 24
□) □
□) □
□

➡ 24 = □ × □ × □ × □

도전문제(4)

다음은 하나의 수를 여러 수의 곱으로 나타내는 과정입니다.
세로 나눗셈을 한 다음 빈칸에 알맞은 수를 쓰세요.

① ☐) 27
☐) ☐
☐

➡ 27 = ☐ × ☐ × ☐

② ☐) 28
☐) ☐
☐

➡ 28 = ☐ × ☐ × ☐

③ ☐) 30
☐) ☐
☐

➡ 30 = ☐ × ☐ × ☐

④ ☐) 32
☐) ☐
☐) ☐
☐) ☐
☐

➡ 32 = ☐ × ☐ × ☐ × ☐ × ☐

4 최대공약수와 최소공배수는 뭘까?

도전문제(5)

다음은 여러 수의 곱으로 나타낸 수의 나눗셈을 한 번에 하는 과정입니다. 빈칸에 알맞은 수를 쓰세요.

(예)

2) 2×2 → 2　　　　2) 2×3 → 3

2) 2×2　2×3
　　2　　3

①

☐) 2×7 → ☐　　　　☐) 3×7 → ☐

☐) ☐　☐
　　☐　☐

②

☐) 2×5 → ☐　　　　☐) 5×7 → ☐

☐) ☐　☐
　　☐　☐

도전문제(6)

다음은 여러 수의 곱으로 나타낸 수의 나눗셈을 한 번에 하는 과정입니다. 빈칸에 알맞은 수를 쓰세요.

① □) 3 × 3 　　　□) 3 × 11
　　 □ 　　　　　　 □

　　　□) □ 　 □
　　　　 □ 　 □

② □) 5 × 7 　　　□) 3 × 5
　　 □ 　　　　　　 □

　　　□) □ 　 □
　　　　 □ 　 □

③ □) 7 × 2 　　　□) 2 × 13
　　 □ 　　　　　　 □

　　　□) □ 　 □
　　　　 □ 　 □

4 최대공약수와 최소공배수는 뭘까?

도전문제(7)

다음은 두 수의 나눗셈을 한 번에 하는 방법을 사용해서 최대공약수와 최소공배수를 구하는 과정입니다. 빈칸에 알맞은 수를 쓰세요.

(예) **6과 14**

1단계 하나의 수를 여러 수의 곱으로 나타내기

$$\begin{array}{r|l} 2 & 2\times3 \\ \hline & 3 \end{array} \qquad \begin{array}{r|l} 2 & 2\times7 \\ \hline & 7 \end{array}$$

2단계 두 수를 하나의 세로 나눗셈으로 나타내기

$$\begin{array}{r|ll} 2 & 2\times3 & 2\times7 \\ \hline & 3 & 7 \end{array}$$

3단계 두 수의 최대공약수 찾기 : 2

두 수의 최소공배수 찾기 : 2 × 3 × 7 = 42

(1) 15와 21

1단계 하나의 수를 여러 수의 곱으로 나타내기

2단계 두 수를 하나의 세로 나눗셈으로 나타내기

3단계 두 수의 최대공약수 찾기 :

두 수의 최소공배수 찾기 : ☐ × ☐ × ☐ = ☐

(2) 55와 65

1단계 하나의 수를 여러 수의 곱으로 나타내기

2단계 두 수를 하나의 세로 나눗셈으로 나타내기

3단계 두 수의 최대공약수 찾기 :

두 수의 최소공배수 찾기 : ☐ × ☐ × ☐ = ☐

(3) 20과 28

1단계 하나의 수를 여러 수의 곱으로 나타내기

2단계 두 수를 하나의 세로 나눗셈으로 나타내기

3단계 두 수의 최대공약수 찾기 : □ × □ = □

두 수의 최소공배수 찾기 : □ × □ × □ × □ = □

(4) 30과 42

1단계 하나의 수를 여러 수의 곱으로 나타내기

2단계 두 수를 하나의 세로 나눗셈으로 나타내기

3단계 두 수의 최대공약수 찾기 : □ × □ = □

두 수의 최소공배수 찾기 : □ × □ × □ × □ = □

(5) 8과 66

1단계 하나의 수를 여러 수의 곱으로 나타내기

2단계 두 수를 하나의 세로 나눗셈으로 나타내기

3단계 두 수의 최대공약수 찾기 : ☐
두 수의 최소공배수 찾기 : ☐ × ☐ × ☐ = ☐

(6) 27과 165

1단계 하나의 수를 여러 수의 곱으로 나타내기

2단계 두 수를 하나의 세로 나눗셈으로 나타내기

3단계 두 수의 최대공약수 찾기 : ☐
두 수의 최소공배수 찾기 : ☐ × ☐ × ☐ = ☐

4 최대공약수와 최소공배수는 뭘까?

연습문제(1)

다음 빈칸에 알맞은 수를 쓰세요.

①
□) 3×7×11　3×7×15
□) □×□　□×□
　　□　□

②
□) 2×2×13　2×2×5
□) □×□　□×□
　　□　□

③
□) 5×7×9　5×7×7
□) □×□　□×□
　　□　□

④
□) 2×2×2　2×2×9
□) □×□　□×□
　　□　□

연습문제(2)

다음 빈칸에 알맞은 수를 쓰세요.

① □) 3 12
　　　□ □

② □) 3 15
　　　□ □

③ □) 18 12
　 □) □ □
　　　□ □

④ □) 15 30
　 □) □ □
　　　□ □

⑤ □) 14 70
　 □) □ □
　　　□ □

⑥ □) 15 45
　 □) □ □
　　　□ □

⑦ □) 8 12
　 □) □ □
　　　□ □

⑧ □) 12 20
　 □) □ □
　　　□ □

연습문제(3)

다음 빈칸에 알맞은 수를 쓰세요.

① □) 25 30
  □ □

② □) 60 27
  □ □

③ □) 30 48
 □) □ □
  □ □

④ □) 18 27
 □) □ □
  □ □

⑤ □) 6 24
 □) □ □
  □ □

⑥ □) 18 45
 □) □ □
  □ □

⑦ □) 8 16
 □) □ □
 □) □ □
  □ □

⑧ □) 63 315
 □) □ □
 □) □ □
  □ □

연습문제(4)

다음 빈칸에 알맞은 수를 쓰세요.

① □) 12 28

② □) 18 48

③ □) 35 70

④ □) 15 90

⑤ □) 35 105

⑥ □) 10 50

⑦ □) 30 42

⑧ □) 42 70

연습문제(5)

다음 빈칸에 알맞은 수를 쓰세요.

① ☐) 39 51
☐ ☐

② ☐) 22 32
☐ ☐

③ ☐) 16 20
☐) ☐ ☐
☐ ☐

④ ☐) 28 70
☐) ☐ ☐
☐ ☐

⑤ ☐) 27 36
☐) ☐ ☐
☐ ☐

⑥ ☐) 30 45
☐) ☐ ☐
☐ ☐

⑦ ☐) 60 24
☐) ☐ ☐
☐) ☐ ☐
☐ ☐

⑧ ☐) 90 36
☐) ☐ ☐
☐) ☐ ☐
☐ ☐

연습문제(6)

다음 빈칸에 알맞은 수를 쓰세요.

① □) 12 15

□ □

최대공약수 : □

최소공배수 : □ × □ × □

= □

② □) 20 15

□ □

최대공약수 : □

최소공배수 : □ × □ × □

= □

③ □) 8 20

□) □ □

□ □

최대공약수 : □ × □ = □

최소공배수 : □ × □ × □

× □ = □

④ □) 9 27

□) □ □

□ □

최대공약수 : □ × □ = □

최소공배수 : □ × □ × □

× □ = □

⑤ □) 21 28

□ □

최대공약수 : □

최소공배수 : □ × □ × □

= □

⑥ □) 15 25

□ □

최대공약수 : □

최소공배수 : □ × □ × □

= □

4 최대공약수와 최소공배수는 뭘까?

연습문제(7)

다음 빈칸에 알맞은 수를 쓰세요.

① □) 9　12
　　 □　□
→ 최대공약수 : □
최소공배수 : □

② □) 6　15
　　 □　□
→ 최대공약수 : □
최소공배수 : □

③ □) 18　24
□) □　□
　　 □　□
→ 최대공약수 : □
최소공배수 : □

④ □) 24　40
□) □　□
□) □　□
　　 □　□
→ 최대공약수 : □
최소공배수 : □

연습문제(8)

다음 빈칸에 알맞은 수를 쓰세요.

①

$$\begin{array}{r|ll} \square & 2\times2\times3 & 2\times2\times7 \\ \hline \square & \square\times\square & \square\times\square \\ \hline & \square & \square \end{array}$$

➡ 최대공약수 : ☐
최소공배수 : ☐

②

$$\begin{array}{r|ll} \square & 2\times3\times5 & 2\times3\times9 \\ \hline \square & \square\times\square & \square\times\square \\ \hline & \square & \square \end{array}$$

➡ 최대공약수 : ☐
최소공배수 : ☐

③

$$\begin{array}{r|ll} \square & 18 & 108 \\ \hline \square & \square & \square \\ \hline \square & \square & \square \\ \hline & \square & \square \end{array}$$

➡ 최대공약수 : ☐
최소공배수 : ☐

④

$$\begin{array}{r|ll} \square & 48 & 72 \\ \hline \square & \square & \square \\ \hline \square & \square & \square \\ \hline \square & \square & \square \\ \hline & \square & \square \end{array}$$

➡ 최대공약수 : ☐
최소공배수 : ☐

정답

13쪽

약수가 뭘까?

도전문제(1)

넓이는 똑같지만 모양이 서로 다른 직사각형을 모두 그린 다음, 넓이를 구하는 곱셈식을 쓰세요.(단, 변의 길이는 자연수)

(1) 넓이가 6인 직사각형

1단계 직사각형 그리기

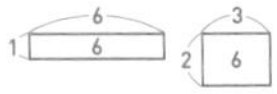

2단계 곱셈식으로 나타내기

1 × 6 = 6, 2 × 3 = 6

3단계 약수 구하기

6의 약수 : 1, 2, 3, 6

(2) 넓이가 7인 직사각형

1단계 직사각형 그리기

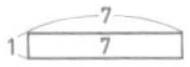

2단계 곱셈식으로 나타내기

1 × 7 = 7

3단계 약수 구하기

7의 약수 : 1, 7

13

14쪽

약수가 뭘까?

도전문제(2)

넓이는 똑같지만 모양이 서로 다른 직사각형을 모두 그린 다음, 넓이를 구하는 곱셈식을 쓰세요.(단, 변의 길이는 자연수)

(1) 넓이가 8인 직사각형

1단계 직사각형 그리기

2단계 곱셈식으로 나타내기

1 × 8 = 8, 2 × 4 = 8

3단계 약수 구하기

8의 약수 : 1, 2, 4, 8

(2) 넓이가 9인 직사각형

1단계 직사각형 그리기

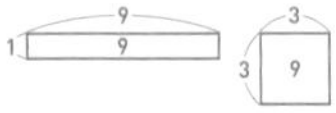

2단계 곱셈식으로 나타내기

1 × 9 = 9, 3 × 3 = 9

3단계 약수 구하기

9의 약수 : 1, 3, 9

14

15쪽

약수가 뭘까?

도전문제(3)

넓이는 똑같지만 모양이 서로 다른 직사각형을 모두 그린 다음, 넓이를 구하는 곱셈식을 쓰세요.(단, 변의 길이는 자연수)

(1) 넓이가 10인 직사각형

1단계 직사각형 그리기

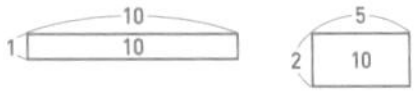

2단계 곱셈식으로 나타내기

1 × 10 = 10, 2 × 5 = 10

3단계 약수 구하기

10의 약수 : 1, 2, 5, 10

(2) 넓이가 11인 직사각형

1단계 직사각형 그리기

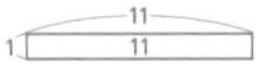

2단계 곱셈식으로 나타내기

1 × 11 = 11

3단계 약수 구하기

11의 약수 : 1, 11

15

16쪽

약수가 뭘까?

도전문제(4)

넓이는 똑같지만 모양이 서로 다른 직사각형을 모두 그린 다음, 넓이를 구하는 곱셈식을 쓰세요.(단, 변의 길이는 자연수)

(1) 넓이가 12인 직사각형

1단계 직사각형 그리기

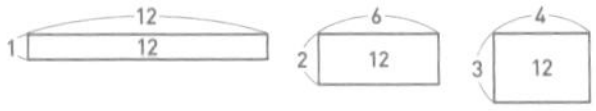

2단계 곱셈식으로 나타내기

1 × 12 = 12, 2 × 6 = 12,
3 × 4 = 12

3단계 약수 구하기

12의 약수 : 1, 2, 3, 4, 6, 12

(2) 넓이가 14인 직사각형

1단계 직사각형 그리기

2단계 곱셈식으로 나타내기

1 × 14 = 14, 2 × 7 = 14

3단계 약수 구하기

14의 약수 : 1, 2, 7, 14

16

17쪽

약수가 뭘까?

도전문제(5)

넓이는 똑같지만 모양이 서로 다른 직사각형을 모두 그린 다음, 넓이를 구하는 곱셈식을 쓰세요.(단, 변의 길이는 자연수)

(1) 넓이가 15인 직사각형

1단계 직사각형 그리기

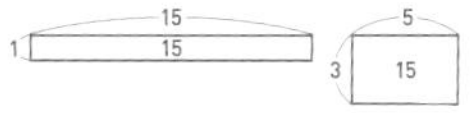

2단계 곱셈식으로 나타내기

1 × 15 = 15, 3 × 5 = 15

3단계 약수 구하기

15의 약수 : 1, 3, 5, 15

(2) 넓이가 16인 직사각형

1단계 직사각형 그리기

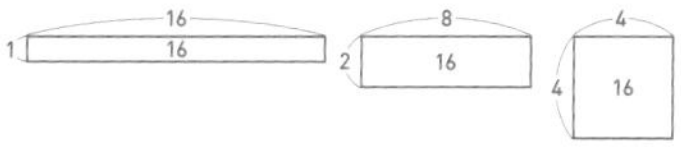

2단계 곱셈식으로 나타내기

1 × 16 = 16, 2 × 8 = 16, 4 × 4 = 16

3단계 약수 구하기

16의 약수 : 1, 2, 4, 8, 16

17

18쪽

약수가 뭘까?

도전문제(6)

넓이는 똑같지만 모양이 서로 다른 직사각형을 모두 그린 다음, 넓이를 구하는 곱셈식을 쓰세요.(단, 변의 길이는 자연수)

(1) 넓이가 13인 직사각형

1단계 직사각형 그리기

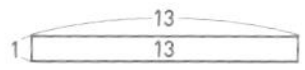

2단계 곱셈식으로 나타내기

1 × 13 = 13

3단계 약수 구하기

13의 약수 : 1, 13

(2) 넓이가 20인 직사각형

1단계 직사각형 그리기

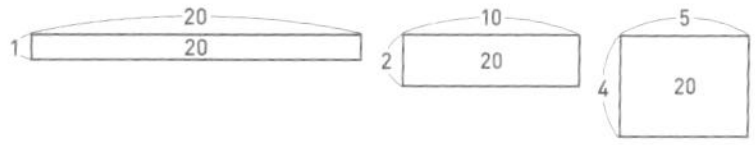

2단계 곱셈식으로 나타내기

1 × 20 = 20, 2 × 10 = 20, 4 × 5 = 20

3단계 약수 구하기

20의 약수 : 1, 2, 4, 5, 10, 20

18

19쪽

약수가 뭘까?

도전문제(7)

넓이는 똑같지만 모양이 서로 다른 직사각형을 모두 그린 다음, 넓이를 구하는 곱셈식을 쓰세요.(단, 변의 길이는 자연수)

(1) 넓이가 17인 직사각형

1단계 직사각형 그리기

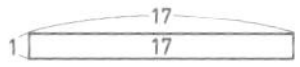

2단계 곱셈식으로 나타내기

1 × 17 = 17

3단계 약수 구하기

17의 약수 : 1, 17

(2) 넓이가 18인 직사각형

1단계 직사각형 그리기

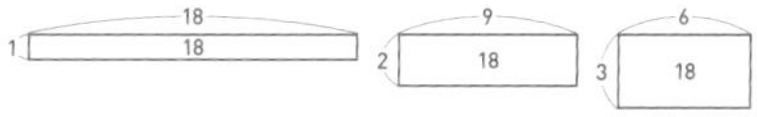

2단계 곱셈식으로 나타내기

1 × 18 = 18, 2 × 9 = 18, 3 × 6 = 18

3단계 약수 구하기

18의 약수 : 1, 2, 3, 6, 9, 18

19

20쪽

약수가 뭘까?

도전문제(8)

넓이는 똑같지만 모양이 서로 다른 직사각형을 모두 그린 다음, 넓이를 구하는 곱셈식을 쓰세요.(단, 변의 길이는 자연수)

(1) 넓이가 24인 직사각형

1단계 직사각형 그리기

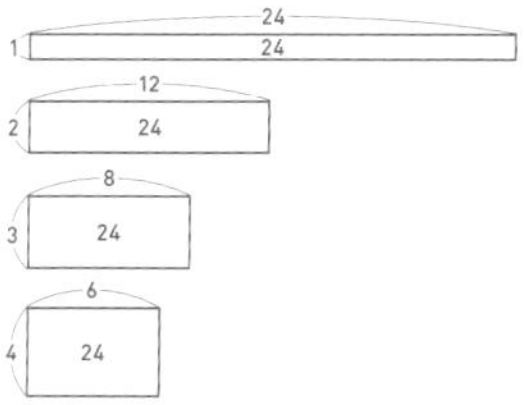

2단계 곱셈식으로 나타내기

1 × 24 = 24, 2 × 12 = 24, 3 × 8 = 24, 4 × 6 = 24

3단계 약수 구하기

24의 약수 : 1, 2, 3, 4, 6, 8, 12, 24

20

21쪽

(2) 넓이가 36인 직사각형

1단계 직사각형 그리기

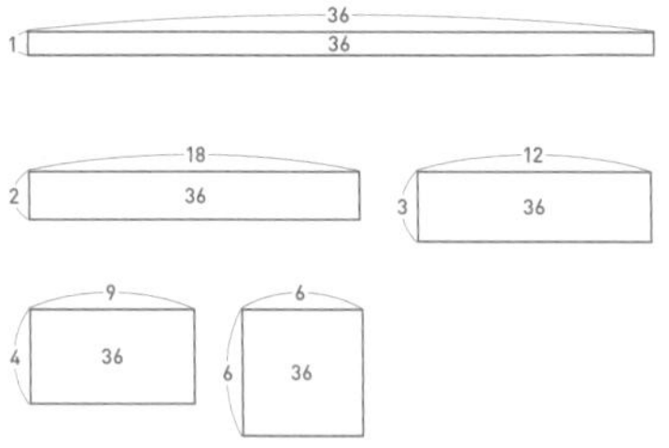

2단계 곱셈식으로 나타내기

1 × 36 = 36, 2 × 18 = 36, 3 × 12 = 36, 4 × 9 = 36,
6 × 6 = 36

3단계 약수 구하기

36의 약수 : 1, 2, 3, 4, 6, 9, 12, 18, 36

21

22쪽

도전문제(9)

넓이는 똑같지만 모양이 서로 다른 직사각형을 모두 그린 다음, 넓이를 구하는 곱셈식을 쓰세요.(단, 변의 길이는 자연수)

(1) 넓이가 42인 직사각형

1단계 직사각형 그리기

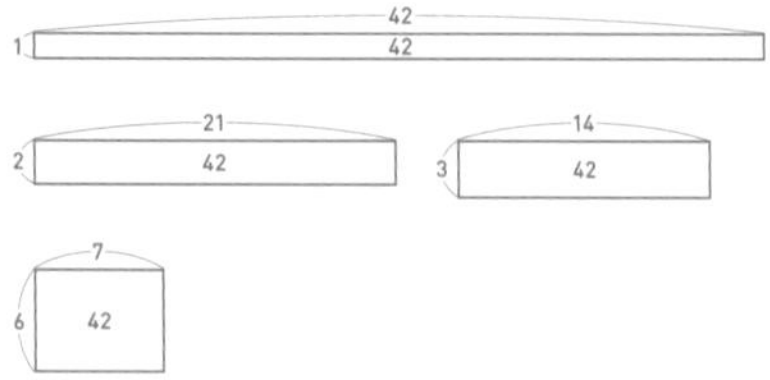

2단계 곱셈식으로 나타내기

1 × 42 = 42, 2 × 21 = 42, 3 × 14 = 42, 6 × 7 = 42

3단계 약수 구하기

42의 약수 : 1, 2, 3, 6, 7, 14, 21, 42

22

23쪽

(2) 넓이가 48인 직사각형

1단계 직사각형 그리기

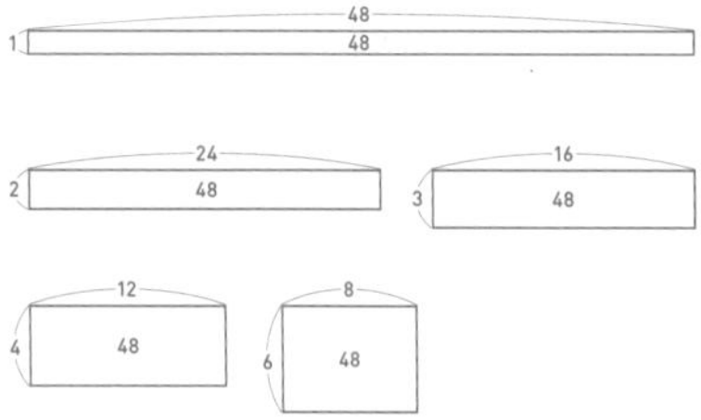

2단계 곱셈식으로 나타내기

1 × 48 = 48, 2 × 24 = 48, 3 × 16 = 48, 4 × 12 = 48,
6 × 8 = 48

3단계 약수 구하기

48의 약수 : 1, 2, 3, 4, 6, 8, 12, 16, 24, 48

23

24쪽

도전문제(10)

넓이는 똑같지만 모양이 서로 다른 직사각형을 모두 그린 다음, 넓이를 구하는 곱셈식을 쓰세요.(단, 변의 길이는 자연수)

(1) 넓이가 50인 직사각형

1단계 직사각형 그리기

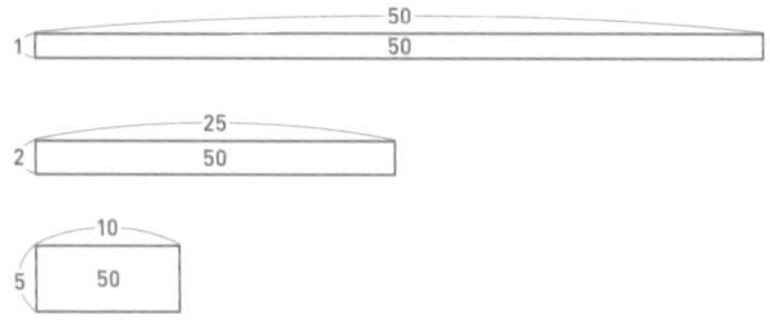

2단계 곱셈식으로 나타내기

1 × 50 = 50, 2 × 25 = 50, 5 × 10 = 50

3단계 약수 구하기

50의 약수 : 1, 2, 5, 10, 25, 50

24

25쪽

약수가 뭘까?

(2) 넓이가 100인 직사각형

1단계 직사각형 그리기

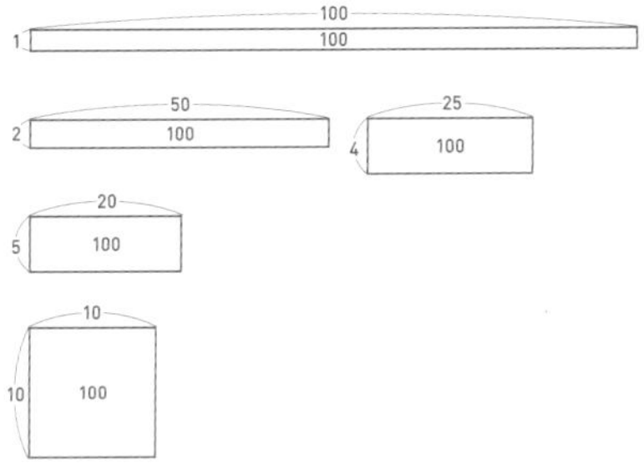

2단계 곱셈식으로 나타내기

1 × 100 = 100, 2 × 50 = 100, 4 × 25 = 100, 5 × 20 = 100, 10 × 10 = 100

3단계 약수 구하기

100의 약수 : 1, 2, 4, 5, 10, 20, 25, 50, 100

27쪽

약수가 뭘까?

도전문제(1)

6을 나누어떨어지게 하는 수를 구하세요.

1단계 세로 나눗셈하기

1	6	6	6	0
2	3	6	6	0
3	2	6	6	0
4	1	6	4	2
5	1	6	5	1
6	1	6	6	0

2단계 나누어떨어지게 하는 수 찾기

6을 나누어떨어지게 하는 수 : 1, 2, 3, 6

3단계 약수 구하기

6의 약수 : 1, 2, 3, 6

28쪽

약수가 뭘까?

도전문제(2)

7을 나누어떨어지게 하는 수를 구하세요.

1단계 세로 나눗셈하기

1	7	7	7	0
2	3	7	6	1
3	2	7	6	1
4	1	7	4	3
5	1	7	5	2
6	1	7	6	1
7	1	7	7	0

2단계 나누어떨어지게 하는 수 찾기

7을 나누어떨어지게 하는 수 : 1, 7

3단계 약수 구하기

7의 약수 : 1, 7

29쪽

약수가 뭘까?

도전문제(3)

8을 나누어떨어지게 하는 수를 구하세요.

1단계 세로 나눗셈하기

1	8	8	8	0
2	4	8	8	0
3	2	8	6	2
4	2	8	8	0
5	1	8	5	3
6	1	8	6	2
7	1	8	7	1
8	1	8	8	0

2단계 나누어떨어지게 하는 수 찾기

8을 나누어떨어지게 하는 수 : 1, 2, 4, 8

3단계 약수 구하기

8의 약수 : 1, 2, 4, 8

30쪽

약수가 뭘까?

도전문제(4)

9를 나누어떨어지게 하는 수를 구하세요.

1단계 세로 나눗셈하기

9	4	3	2
1)9	2)9	3)9	4)9
9	8	9	8
0	1	0	1

1	1	1	1
5)9	6)9	7)9	9)9
5	6	7	9
4	3	2	0

2단계 나누어떨어지게 하는 수 찾기

9를 나누어떨어지게 하는 수 : 1, 3, 9

3단계 약수 구하기

9의 약수 : 1, 3, 9

30

31쪽

약수가 뭘까?

도전문제(5)

10을 나누어떨어지게 하는 수를 구하세요.

1단계 세로 나눗셈하기

10	5	3	2
1)10	2)10	3)10	4)10
10	10	9	8
0	0	1	2

2	1	1	1
5)10	6)10	8)10	10)10
10	6	8	10
0	4	2	0

2단계 나누어떨어지게 하는 수 찾기

10을 나누어떨어지게 하는 수 : 1, 2, 5, 10

3단계 약수 구하기

10의 약수 : 1, 2, 5, 10

31

32쪽

약수가 뭘까?

도전문제(6)

18을 나누어떨어지게 하는 수를 구하세요.

1단계 세로 나눗셈하기

18	9	6	4
1)18	2)18	3)18	4)18
18	18	18	16
0	0	0	2

3	2	1	1
6)18	9)18	12)18	18)18
18	18	12	18
0	0	6	0

2단계 나누어떨어지게 하는 수 찾기

18을 나누어떨어지게 하는 수 : 1, 2, 3, 6, 9, 18

3단계 약수 구하기

18의 약수 : 1, 2, 3, 6, 9, 18

32

33쪽

약수가 뭘까?

도전문제(7)

24를 나누어떨어지게 하는 수를 구하세요.

1단계 세로 나눗셈하기

24	12	8	6
1)24	2)24	3)24	4)24
24	24	24	24
0	0	0	0

4	3	2	1
6)24	8)24	12)24	24)24
24	24	24	24
0	0	0	0

2단계 나누어떨어지게 하는 수 찾기

24를 나누어떨어지게 하는 수 : 1, 2, 3, 4, 6, 8, 12, 24

3단계 약수 구하기

24의 약수 : 1, 2, 3, 4, 6, 8, 12, 24

33

34쪽

약수가 뭘까?

도전문제(8)

30을 나누어떨어지게 하는 수를 구하세요.

1단계 세로 나눗셈하기

1)30 = 30, 30, 0	2)30 = 15, 30, 0	3)30 = 10, 30, 0	5)30 = 6, 30, 0
6)30 = 5, 30, 0	10)30 = 3, 30, 0	15)30 = 2, 30, 0	30)30 = 1, 30, 0

2단계 나누어떨어지게 하는 수 찾기

30을 나누어떨어지게 하는 수 : 1, 2, 3, 5, 6, 10, 15, 30

3단계 약수 구하기

30의 약수 : 1, 2, 3, 5, 6, 10, 15, 30

34

35쪽

약수가 뭘까?

도전문제(9)

48을 나누어떨어지게 하는 수를 구하세요.

1단계 세로 나눗셈하기

1)48 = 48, 48, 0	2)48 = 24, 48, 0	3)48 = 16, 48, 0	4)48 = 12, 48, 0
6)48 = 8, 48, 0	8)48 = 6, 48, 0	12)48 = 4, 48, 0	16)48 = 3, 48, 0
24)48 = 2, 48, 0	48)48 = 1, 48, 0		

2단계 나누어떨어지게 하는 수 찾기

48을 나누어떨어지게 하는 수 :

1, 2, 3, 4, 6, 8, 12, 16, 24, 48

3단계 약수 구하기

48의 약수 : 1, 2, 3, 4, 6, 8, 12, 16, 24, 48

35

36쪽

약수가 뭘까?

도전문제(10)

100을 나누어떨어지게 하는 수를 구하세요.

1단계 세로 나눗셈하기

1)100 = 100, 100, 0	2)100 = 50, 100, 0	4)100 = 25, 100, 0	5)100 = 20, 100, 0
10)100 = 10, 100, 0	20)100 = 5, 100, 0	25)100 = 4, 100, 0	50)100 = 2, 100, 0
100)100 = 1, 100, 0			

2단계 나누어떨어지게 하는 수 찾기

100을 나누어떨어지게 하는 수 :

1, 2, 4, 5, 10, 20, 25, 50, 100

3단계 약수 구하기

100의 약수 : 1, 2, 4, 5, 10, 20, 25, 50, 100

36

37쪽

약수가 뭘까?

연습문제(1)

아래 자연수를 두 자연수의 곱셈으로 나타낸 다음 약수를 모두 구하세요.

① 18 → (예) 1×18, 2×9, 3×6

→ 18의 약수 (예) 1, 2, 3, 6, 9, 18

② 36 → 1 × 36, 2 × 18, 3 × 12, 4 × 9, 6 × 6

→ 36의 약수 1, 2, 3, 4, 6, 9, 12, 18, 36

③ 43 → 1 × 43

→ 43의 약수 1, 43

④ 49 → 1 × 49, 7 × 7

→ 49의 약수 1, 7, 49

⑤ 50 → 1 × 50, 2 × 25, 5 × 10

→ 50의 약수 1, 2, 5, 10, 25, 50

⑥ 60 → 1 × 60, 2 × 30, 3 × 20, 4 × 15, 5 × 12, 6 × 10

→ 60의 약수 1, 2, 3, 4, 5, 6, 10, 12, 15, 20, 30, 60

37

38쪽

1 약수가 뭘까?

연습문제(2)

아래 자연수를 두 자연수의 곱셈으로 나타낸 다음 약수를 모두 구하세요.

① 19 → 1 × 19
→ 19의 약수 1, 19

② 35 → 1 × 35, 5 × 7
→ 35의 약수 1, 5, 7, 35

③ 42 → 1 × 42, 2 × 21, 3 × 14, 6 × 7
→ 42의 약수 1, 2, 3, 6, 7, 14, 21, 42

④ 47 → 1 × 47
→ 47의 약수 1, 47

⑤ 51 → 1 × 51, 3 × 17
→ 51의 약수 1, 3, 17, 51

⑥ 61 → 1 × 61
→ 61의 약수 1, 61

38

39쪽

약수가 뭘까? 1

연습문제(3)

■ 안에 있는 수의 약수를 오른쪽 수 중에서 골라 ○표 하세요.

① **6** ①, ②, ③, 4, 5, ⑥, 7, 8, 9, 10, 11, 12, 13, 14, 15

② **7** ①, 2, 3, 4, 5, 6, ⑦, 8, 9, 10, 11, 12, 13, 14, 15

③ **8** ①, ②, 3, ④, 5, 6, 7, ⑧, 9, 10, 11, 12, 13, 14, 15

④ **9** ①, 2, ③, 4, 5, 6, 7, 8, ⑨, 10, 11, 12, 13, 14, 15

⑤ **10** ①, ②, 3, 4, ⑤, 6, 7, 8, 9, ⑩, 11, 12, 13, 14, 15

⑥ **12** ①, ②, ③, ④, 5, ⑥, 7, 8, 9, 10, 11, ⑫, 13, 14, 15

⑦ **13** ①, 2, 3, 4, 5, 6, 7, 8, 9, 10, 11, 12, ⑬, 14, 15

⑧ **14** ①, ②, 3, 4, 5, 6, ⑦, 8, 9, 10, 11, 12, 13, ⑭, 15

39

40쪽

1 약수가 뭘까?

연습문제(4)

■ 안에 있는 수의 약수를 오른쪽 수 중에서 골라 ○표 하세요.

① **16** ①, ②, 3, ④, 5, 6, 7, ⑧, 9, 10, 11, 12, 13, 14, 15, ⑯

② **17** ①, 2, 3, 4, 5, 6, 7, 8, 9, 10, 11, 12, 13, 14, 15, 16

③ **34** ①, ②, 3, 4, 5, 6, 7, 8, 9, 10, 11, 12, 13, 14, 15, 16

④ **50** ①, ②, 3, 4, ⑤, 6, 7, 8, 9, ⑩, 11, 12, 13, 14, 15, 16

⑤ **69** ①, 2, ③, 4, 5, 6, 7, 8, 9, 10, 11, 12, 13, 14, 15, 16

⑥ **71** ①, 2, 3, 4, 5, 6, 7, 8, 9, 10, 11, 12, 13, 14, 15, 16

⑦ **82** ①, ②, 3, 4, 5, 6, 7, 8, 9, 10, 11, 12, 13, 14, 15, 16

⑧ **93** ①, 2, ③, 4, 5, 6, 7, 8, 9, 10, 11, 12, 13, 14, 15, 16

40

44쪽

2 배수가 뭘까?

도전문제(1)

다음은 직사각형 이어 붙이기를 통해 9의 배수를 구하는 과정입니다.
각 빈칸을 알맞게 채워 보세요.

1단계 넓이가 9인 직사각형 1개를 그리고, 넓이를 곱셈식으로 나타내기

9

•여기에 직사각형을 그리세요.

→ 곱셈식 : 9 × 1 = 9

2단계 직사각형 2개를 이어 붙이고, 전체 넓이를 곱셈식으로 나타내기

9	9

•여기에 직사각형을 그리세요.

→ 곱셈식 : 9 × 2 = 18

3단계 직사각형 3개를 이어 붙이고, 전체 넓이를 곱셈식으로 나타내기

9	9	9

•여기에 직사각형을 그리세요.

→ 곱셈식 : 9 × 3 = 27

4단계 9의 배수를 가장 작은 수부터 5개 구하기

9의 배수 : 9, 18, 27, 36, 45

44

45쪽

배수가 뭘까?

도전문제(2)

다음은 직사각형 이어 붙이기를 통해 13의 배수를 구하는 과정입니다.
각 빈칸을 알맞게 채워 보세요.

1단계 넓이가 13인 직사각형 1개를 그리고, 넓이를 곱셈식으로 나타내기

13

•여기에 직사각형을 그리세요. → 곱셈식 : 13 × 1 = 13

2단계 직사각형 2개를 이어 붙이고, 전체 넓이를 곱셈식으로 나타내기

13	13

•여기에 직사각형을 그리세요. → 곱셈식 : 13 × 2 = 26

3단계 직사각형 3개를 이어 붙이고, 전체 넓이를 곱셈식으로 나타내기

13	13	13

•여기에 직사각형을 그리세요. → 곱셈식 : 13 × 3 = 39

4단계 13의 배수를 가장 작은 수부터 5개 구하기

13의 배수 : 13, 26, 39, 52, 65

45

46쪽

배수가 뭘까?

도전문제(3)

다음은 직사각형 이어 붙이기를 통해 15의 배수를 구하는 과정입니다.
각 빈칸을 알맞게 채워 보세요.

1단계 넓이가 15인 직사각형 1개를 그리고, 넓이를 곱셈식으로 나타내기

15

•여기에 직사각형을 그리세요. → 곱셈식 : 15 × 1 = 15

2단계 직사각형 2개를 이어 붙이고, 전체 넓이를 곱셈식으로 나타내기

15	15

•여기에 직사각형을 그리세요. → 곱셈식 : 15 × 2 = 30

3단계 직사각형 3개를 이어 붙이고, 전체 넓이를 곱셈식으로 나타내기

15	15	15

•여기에 직사각형을 그리세요. → 곱셈식 : 15 × 3 = 45

4단계 15의 배수를 가장 작은 수부터 5개 구하기

15의 배수 : 15, 30, 45, 60, 75

46

47쪽

배수가 뭘까?

도전문제(4)

다음은 직사각형 이어 붙이기를 통해 18의 배수를 구하는 과정입니다.
각 빈칸을 알맞게 채워 보세요.

1단계 넓이가 18인 직사각형 1개를 그리고, 넓이를 곱셈식으로 나타내기

18

•여기에 직사각형을 그리세요. → 곱셈식 : 18 × 1 = 18

2단계 직사각형 2개를 이어 붙이고, 전체 넓이를 곱셈식으로 나타내기

18	18

•여기에 직사각형을 그리세요. → 곱셈식 : 18 × 2 = 36

3단계 직사각형 3개를 이어 붙이고, 전체 넓이를 곱셈식으로 나타내기

18	18	18

•여기에 직사각형을 그리세요. → 곱셈식 : 18 × 3 = 54

4단계 18의 배수를 가장 작은 수부터 5개 구하기

18의 배수 : 18, 36, 54, 72, 90

47

48쪽

배수가 뭘까?

도전문제(5)

다음은 직사각형 이어 붙이기를 통해 21의 배수를 구하는 과정입니다.
각 빈칸을 알맞게 채워 보세요.

1단계 넓이가 21인 직사각형 1개를 그리고, 넓이를 곱셈식으로 나타내기

21

•여기에 직사각형을 그리세요. → 곱셈식 : 21 × 1 = 21

2단계 직사각형 2개를 이어 붙이고, 전체 넓이를 곱셈식으로 나타내기

21	21

•여기에 직사각형을 그리세요. → 곱셈식 : 21 × 2 = 42

3단계 직사각형 3개를 이어 붙이고, 전체 넓이를 곱셈식으로 나타내기

21	21	21

•여기에 직사각형을 그리세요. → 곱셈식 : 21 × 3 = 63

4단계 21의 배수를 가장 작은 수부터 5개 구하기

21의 배수 : 21, 42, 63, 84, 105

48

49쪽

배수가 뭘까?

도전문제(6)

다음은 직사각형 이어 붙이기를 통해 24의 배수를 구하는 과정입니다.
각 빈칸을 알맞게 채워 보세요.

1단계 넓이가 24인 직사각형 1개를 그리고, 넓이를 곱셈식으로 나타내기

24

•여기에 직사각형을 그리세요. → 곱셈식 : 24 × 1 = 24

2단계 직사각형 2개를 이어 붙이고, 전체 넓이를 곱셈식으로 나타내기

24	24

•여기에 직사각형을 그리세요. → 곱셈식 : 24 × 2 = 48

3단계 직사각형 3개를 이어 붙이고, 전체 넓이를 곱셈식으로 나타내기

24	24	24

•여기에 직사각형을 그리세요. → 곱셈식 : 24 × 3 = 72

4단계 24의 배수를 가장 작은 수부터 5개 구하기

24의 배수 : 24, 48, 72, 96, 120

49

50쪽

배수가 뭘까?

도전문제(7)

다음은 직사각형 이어 붙이기를 통해 25의 배수를 구하는 과정입니다.
각 빈칸을 알맞게 채워 보세요.

1단계 넓이가 25인 직사각형 1개를 그리고, 넓이를 곱셈식으로 나타내기

25

•여기에 직사각형을 그리세요. → 곱셈식 : 25 × 1 = 25

2단계 직사각형 2개를 이어 붙이고, 전체 넓이를 곱셈식으로 나타내기

25	25

•여기에 직사각형을 그리세요. → 곱셈식 : 25 × 2 = 50

3단계 직사각형 3개를 이어 붙이고, 전체 넓이를 곱셈식으로 나타내기

25	25	25

•여기에 직사각형을 그리세요. → 곱셈식 : 25 × 3 = 75

4단계 25의 배수를 가장 작은 수부터 5개 구하기

25의 배수 : 25, 50, 75, 100, 125

50

51쪽

배수가 뭘까?

도전문제(8)

다음은 직사각형 이어 붙이기를 통해 32의 배수를 구하는 과정입니다.
각 빈칸을 알맞게 채워 보세요.

1단계 넓이가 32인 직사각형 1개를 그리고, 넓이를 곱셈식으로 나타내기

32

•여기에 직사각형을 그리세요. → 곱셈식 : 32 × 1 = 32

2단계 직사각형 2개를 이어 붙이고, 전체 넓이를 곱셈식으로 나타내기

32	32

•여기에 직사각형을 그리세요. → 곱셈식 : 32 × 2 = 64

3단계 직사각형 3개를 이어 붙이고, 전체 넓이를 곱셈식으로 나타내기

32	32	32

•여기에 직사각형을 그리세요. → 곱셈식 : 32 × 3 = 96

4단계 32의 배수를 가장 작은 수부터 5개 구하기

32의 배수 : 32, 64, 96, 128, 160

51

52쪽

배수가 뭘까?

도전문제(9)

다음은 직사각형 이어 붙이기를 통해 39의 배수를 구하는 과정입니다.
각 빈칸을 알맞게 채워 보세요.

1단계 넓이가 39인 직사각형 1개를 그리고, 넓이를 곱셈식으로 나타내기

39

•여기에 직사각형을 그리세요. → 곱셈식 : 39 × 1 = 39

2단계 직사각형 2개를 이어 붙이고, 전체 넓이를 곱셈식으로 나타내기

39	39

•여기에 직사각형을 그리세요. → 곱셈식 : 39 × 2 = 78

3단계 직사각형 3개를 이어 붙이고, 전체 넓이를 곱셈식으로 나타내기

39	39	39

•여기에 직사각형을 그리세요. → 곱셈식 : 39 × 3 = 117

4단계 39의 배수를 가장 작은 수부터 5개 구하기

39의 배수 : 39, 78, 117, 156, 195

52

53쪽

배수가 뭘까?

도전문제(10)

다음은 직사각형 이어 붙이기를 통해 40의 배수를 구하는 과정입니다.
각 빈칸을 알맞게 채워 보세요.

1단계 넓이가 40인 직사각형 1개를 그리고, 넓이를 곱셈식으로 나타내기

40

•여기에 직사각형을 그리세요.

➡ 곱셈식 : 40 × 1 = 40

2단계 직사각형 2개를 이어 붙이고, 전체 넓이를 곱셈식으로 나타내기

40	40

•여기에 직사각형을 그리세요.

➡ 곱셈식 : 40 × 2 = 80

3단계 직사각형 3개를 이어 붙이고, 전체 넓이를 곱셈식으로 나타내기

40	40	40

•여기에 직사각형을 그리세요.

➡ 곱셈식 : 40 × 3 = 120

4단계 40의 배수를 가장 작은 수부터 5개 구하기

40의 배수 : 40, 80, 120, 160, 200

53

55쪽

배수가 뭘까?

도전문제(1)

다음은 곱셈을 이용해서 어떤 수의 배수를 구하는 과정입니다.
빈칸에 알맞은 수를 쓰세요.

(1) 13의 배수 4개

1단계 세로 곱셈하기

	1	3
×		1
	1	3

	1	3
×		2
	2	6

	1	3
×		3
	3	9

	1	3
×		4
	5	2

2단계 배수 4개 구하기(가장 작은 배수부터 차례대로)

13의 배수 : 13, 26, 39, 52

(2) 14의 배수 4개

1단계 세로 곱셈하기

	1	4
×		1
	1	4

	1	4
×		2
	2	8

	1	4
×		3
	4	2

	1	4
×		4
	5	6

2단계 배수 4개 구하기(가장 작은 배수부터 차례대로)

14의 배수 : 14, 28, 42, 56

55

56쪽

배수가 뭘까?

도전문제(2)

다음은 곱셈을 이용해서 어떤 수의 배수를 구하는 과정입니다.
빈칸에 알맞은 수를 쓰세요.

(1) 15의 배수 4개

1단계 세로 곱셈하기

	1	5
×		1
	1	5

	1	5
×		2
	3	0

	1	5
×		3
	4	5

	1	5
×		4
	6	0

2단계 배수 4개 구하기(가장 작은 배수부터 차례대로)

15의 배수 : 15, 30, 45, 60

(2) 25의 배수 4개

1단계 세로 곱셈하기

	2	5
×		1
	2	5

	2	5
×		2
	5	0

	2	5
×		3
	7	5

	2	5
×		4
1	0	0

2단계 배수 4개 구하기(가장 작은 배수부터 차례대로)

25의 배수 : 25, 50, 75, 100

56

57쪽

배수가 뭘까?

도전문제(3)

다음은 곱셈을 이용해서 어떤 수의 배수를 구하는 과정입니다.
빈칸에 알맞은 수를 쓰세요.

(1) 16의 배수 4개

1단계 세로 곱셈하기

	1	6
×		1
	1	6

	1	6
×		2
	3	2

	1	6
×		3
	4	8

	1	6
×		4
	6	4

2단계 배수 4개 구하기(가장 작은 배수부터 차례대로)

16의 배수 : 16, 32, 48, 64

(2) 26의 배수 4개

1단계 세로 곱셈하기

	2	6
×		1
	2	6

	2	6
×		2
	5	2

	2	6
×		3
	7	8

	2	6
×		4
1	0	4

2단계 배수 4개 구하기(가장 작은 배수부터 차례대로)

26의 배수 : 26, 52, 78, 104

57

58쪽

배수가 뭘까?

도전문제(4)

다음은 곱셈을 이용해서 어떤 수의 배수를 구하는 과정입니다.
빈칸에 알맞은 수를 쓰세요.

(1) 17의 배수 4개

1단계 세로 곱셈하기

	17	17	17	17
×	1	2	3	4
	17	34	51	68

2단계 배수 4개 구하기(가장 작은 배수부터 차례대로)

17의 배수 : 17, 34, 51, 68

(2) 27의 배수 4개

1단계 세로 곱셈하기

	27	27	27	27
×	1	2	3	4
	27	54	81	108

2단계 배수 4개 구하기(가장 작은 배수부터 차례대로)

27의 배수 : 27, 54, 81, 108

58

59쪽

배수가 뭘까?

도전문제(5)

다음은 곱셈을 이용해서 어떤 수의 배수를 구하는 과정입니다.
빈칸에 알맞은 수를 쓰세요.

(1) 18의 배수 4개

1단계 세로 곱셈하기

	18	18	18	18
×	1	2	3	4
	18	36	54	72

2단계 배수 4개 구하기(가장 작은 배수부터 차례대로)

18의 배수 : 18, 36, 54, 72

(2) 28의 배수 4개

1단계 세로 곱셈하기

	28	28	28	28
×	1	2	3	4
	28	56	84	112

2단계 배수 4개 구하기(가장 작은 배수부터 차례대로)

28의 배수 : 28, 56, 84, 112

59

60쪽

배수가 뭘까?

도전문제(6)

다음은 곱셈을 이용해서 어떤 수의 배수를 구하는 과정입니다.
빈칸에 알맞은 수를 쓰세요.

(1) 19의 배수 4개

1단계 세로 곱셈하기

	19	19	19	19
×	1	2	3	4
	19	38	57	76

2단계 배수 4개 구하기(가장 작은 배수부터 차례대로)

19의 배수 : 19, 38, 57, 76

(2) 29의 배수 4개

1단계 세로 곱셈하기

	29	29	29	29
×	1	2	3	4
	29	58	87	116

2단계 배수 4개 구하기(가장 작은 배수부터 차례대로)

29의 배수 : 29, 58, 87, 116

60

61쪽

배수가 뭘까?

도전문제(7)

다음은 곱셈을 이용해서 어떤 수의 배수를 구하는 과정입니다.
빈칸에 알맞은 수를 쓰세요.

(1) 20의 배수 4개

1단계 세로 곱셈하기

	20	20	20	20
×	1	2	3	4
	20	40	60	80

2단계 배수 4개 구하기(가장 작은 배수부터 차례대로)

20의 배수 : 20, 40, 60, 80

(2) 30의 배수 4개

1단계 세로 곱셈하기

	30	30	30	30
×	1	2	3	4
	30	60	90	120

2단계 배수 4개 구하기(가장 작은 배수부터 차례대로)

30의 배수 : 30, 60, 90, 120

61

62쪽

배수가 뭘까?

도전문제(8)

다음은 곱셈을 이용해서 어떤 수의 배수를 구하는 과정입니다.
빈칸에 알맞은 수를 쓰세요.

(1) 21의 배수 4개

1단계 세로 곱셈하기

	2	1
×		1
	2	1

	2	1
×		2
	4	2

	2	1
×		3
	6	3

	2	1
×		4
	8	4

2단계 배수 4개 구하기(가장 작은 배수부터 차례대로)

21의 배수 : 21, 42, 63, 84

(2) 31의 배수 4개

1단계 세로 곱셈하기

	3	1
×		1
	3	1

	3	1
×		2
	6	2

	3	1
×		3
	9	3

	3	1
×		4
1	2	4

2단계 배수 4개 구하기(가장 작은 배수부터 차례대로)

31의 배수 : 31, 62, 93, 124

62

63쪽

배수가 뭘까?

도전문제(9)

다음은 곱셈을 이용해서 어떤 수의 배수를 구하는 과정입니다.
빈칸에 알맞은 수를 쓰세요.

(1) 22의 배수 4개

1단계 세로 곱셈하기

	2	2
×		1
	2	2

	2	2
×		2
	4	4

	2	2
×		3
	6	6

	2	2
×		4
	8	8

2단계 배수 4개 구하기(가장 작은 배수부터 차례대로)

22의 배수 : 22, 44, 66, 88

(2) 32의 배수 4개

1단계 세로 곱셈하기

	3	2
×		1
	3	2

	3	2
×		2
	6	4

	3	2
×		3
	9	6

	3	2
×		4
1	2	8

2단계 배수 4개 구하기(가장 작은 배수부터 차례대로)

32의 배수 : 32, 64, 96, 128

63

64쪽

배수가 뭘까?

도전문제(10)

다음은 곱셈을 이용해서 어떤 수의 배수를 구하는 과정입니다.
빈칸에 알맞은 수를 쓰세요.

(1) 23의 배수 4개

1단계 세로 곱셈하기

	2	3
×		1
	2	3

	2	3
×		2
	4	6

	2	3
×		3
	6	9

	2	3
×		4
	9	2

2단계 배수 4개 구하기(가장 작은 배수부터 차례대로)

23의 배수 : 23, 46, 69, 92

(2) 43의 배수 4개

1단계 세로 곱셈하기

	4	3
×		1
	4	3

	4	3
×		2
	8	6

	4	3
×		3
1	2	9

	4	3
×		4
1	7	2

2단계 배수 4개 구하기(가장 작은 배수부터 차례대로)

43의 배수 : 43, 86, 129, 172

64

65쪽

배수가 뭘까?

연습문제(1)

다음 수의 배수를 가장 작은 수부터 차례대로 5개 구하세요.

① **9** 9, 18, 27, 36, 45

② **10** 10, 20, 30, 40, 50

③ **14** 14, 28, 42, 56, 70

④ **18** 18, 36, 54, 72, 90

⑤ **21** 21, 42, 63, 84, 105

⑥ **24** 24, 48, 72, 96, 120

⑦ **39** 39, 78, 117, 156, 195

⑧ **70** 70, 140, 210, 280, 350

65

66쪽

배수가 뭘까?

연습문제(2)

다음 수의 배수 중에서 100 이상 200 이하인 수를 모두 쓰세요.

① **19** 114, 133, 152, 171, 190

② **20** 100, 120, 140, 160, 180, 200

③ **24** 120, 144, 168, 192

④ **28** 112, 140, 168, 196

⑤ **31** 124, 155, 186

⑥ **44** 132, 176

⑦ **59** 118, 177

⑧ **78** 156

67쪽

배수가 뭘까?

연습문제(3)

오른쪽 수 중에서 ▇ 안의 수의 배수가 아닌 것을 골라 ×표 하세요.

① **8** 16, ~~21~~, 24, 32, 48, 88, 104, ~~108~~

② **16** 16, 32, ~~46~~, 64, ~~66~~, 80, ~~100~~, ~~116~~, 176

③ **34** 34, ~~64~~, 102, 136, ~~171~~, 204, ~~234~~

④ **50** 50, 100, ~~105~~, 200, 250, 500, ~~585~~, ~~615~~

⑤ **69** 69, 138, ~~289~~, 276, ~~349~~, 414, 483

⑥ **71** 71, ~~141~~, 213, 284, 355, ~~424~~

⑦ **82** 82, 164, ~~244~~, 328, ~~418~~, 492

⑧ **93** 93, 186, ~~276~~, 372, 465, ~~559~~

⑨ **101** 101, 202, 404, 3030, ~~5005~~, 6060

⑩ **284** 284, ~~588~~, 852, ~~1134~~, 1420, 1704

⑪ **390** 390, 780, ~~1190~~, 1950, ~~2390~~, 2730

⑫ **500** 500, 1000, ~~1050~~, 2000, 2500, 3000, 3500

68쪽

배수가 뭘까?

연습문제(4)

다음 수의 13번째 배수를 구하세요.

① **11** ➡ 143

② **13** ➡ 169

③ **27** ➡ 351

④ **38** ➡ 494

⑤ **41** ➡ 533

⑥ **67** ➡ 871

⑦ **111** ➡ 1443

⑧ **477** ➡ 6201

69쪽

배수가 뭘까?

연습문제(5)

다음 두 수가 서로 배수와 약수 관계이면 ( ) 안에 ○표 하고, 그렇지 않으면 ×표 하세요. 두 수의 순서는 상관없습니다.

①	23 46	(○)		②	96 46	(×)
③	12 96	(○)		④	12 100	(×)
⑤	17 91	(×)		⑥	7 91	(○)
⑦	21 105	(○)		⑧	22 286	(○)
⑨	19 109	(×)		⑩	109 11	(×)
⑪	123 31	(×)		⑫	527 31	(○)
⑬	1000 8	(○)		⑭	18 189	(×)
⑮	101 1310	(×)		⑯	1313 13	(○)
⑰	37 480	(×)		⑱	480 26	(×)

70쪽

2 배수가 뭘까?

연습문제(6)

■ 안의 수가 어떤 수의 배수인지 (   )에서 골라 ○표 하세요.

① **27** (①, 2, ③, 4, 5, 6, 7, 8, ⑨)의 배수입니다.
② **28** (①, ②, 3, ④, 5, 6, ⑦, 8, 9)의 배수입니다.
③ **36** (①, ②, ③, ④, 5, ⑥, 7, 8, ⑨)의 배수입니다.
④ **144** (①, ②, ③, ④, 5, ⑥, 7, ⑧, ⑨)의 배수입니다.
⑤ **127** (①, 2, 3, 4, 5, 6, 7, 8, 9)의 배수입니다.
⑥ **200** (①, ②, 3, ④, ⑤, 6, 7, ⑧, 9)의 배수입니다.
⑦ **315** (①, 2, ③, 4, ⑤, 6, ⑦, 8, ⑨)의 배수입니다.
⑧ **318** (①, ②, ③, 4, 5, ⑥, 7, 8, 9)의 배수입니다.
⑨ **401** (①, 2, 3, 4, 5, 6, 7, 8, 9)의 배수입니다.
⑩ **1200** (①, ②, ③, ④, ⑤, ⑥, 7, ⑧, 9)의 배수입니다.
⑪ **1204** (①, ②, 3, ④, 5, 6, ⑦, 8, 9)의 배수입니다.
⑫ **1666** (①, ②, 3, 4, 5, 6, ⑦, 8, 9)의 배수입니다.
⑬ **10000** (①, ②, 3, ④, ⑤, 6, 7, ⑧, 9)의 배수입니다.

70

74쪽

3 약수와 배수의 관계는?

도전문제(2)

다음은 직사각형을 이용하여 약수와 배수의 관계를 알아보는 과정입니다.
직사각형을 그리고, 빈칸에 알맞은 숫자나 단어를 쓰세요.

1단계 한 변의 길이가 6이고 넓이가 18인 직사각형을 그리고, 곱셈식으로 나타내기

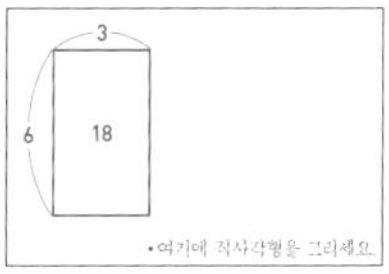

직사각형 그리기

➡ 곱셈식 : 6 × 3 = 18

6은 18의 **약수** 입니다.

2단계 한 변의 길이가 6이고 넓이가 6인 직사각형 3개를 이어 붙이고, 전체 넓이를 곱셈식으로 나타내기

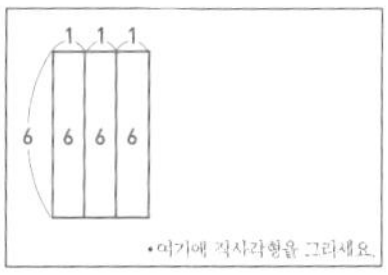

직사각형 이어 붙이기

➡ 곱셈식 : 6 × 3 = 18

18 은/는 6의 **배수** 입니다.

74

75쪽

약수와 배수의 관계는? 3

도전문제(3)

다음은 직사각형을 이용하여 약수와 배수의 관계를 알아보는 과정입니다.
직사각형을 그리고, 빈칸에 알맞은 숫자나 단어를 쓰세요.

1단계 한 변의 길이가 7이고 넓이가 28인 직사각형을 그리고, 곱셈식으로 나타내기

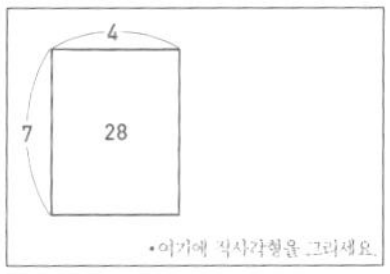

직사각형 그리기

➡ 곱셈식 : 7 × 4 = 28

7은 28의 **약수** 입니다.

2단계 한 변의 길이가 7이고 넓이가 7인 직사각형 4개를 이어 붙이고, 전체 넓이를 곱셈식으로 나타내기

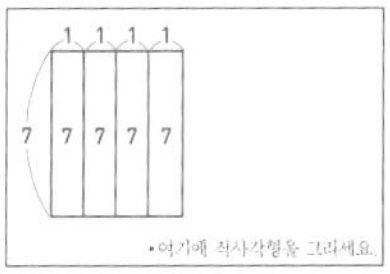

직사각형 이어 붙이기

➡ 곱셈식 : 7 × 4 = 28

28 은/는 7의 **배수** 입니다.

75

76쪽

3 약수와 배수의 관계는?

도전문제(4)

다음은 직사각형을 이용하여 약수와 배수의 관계를 알아보는 과정입니다.
직사각형을 그리고, 빈칸에 알맞은 숫자나 단어를 쓰세요.

1단계 한 변의 길이가 13이고 넓이가 26인 직사각형을 그리고, 곱셈식으로 나타내기

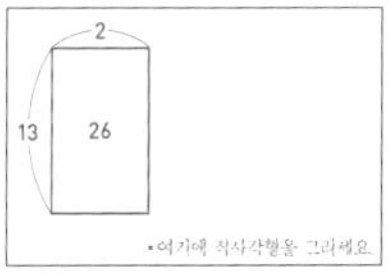

직사각형 그리기

➡ 곱셈식 : 13 × 2 = 26

13은 26의 **약수** 입니다.

2단계 한 변의 길이가 13이고 넓이가 13인 직사각형 2개를 이어 붙이고, 전체 넓이를 곱셈식으로 나타내기

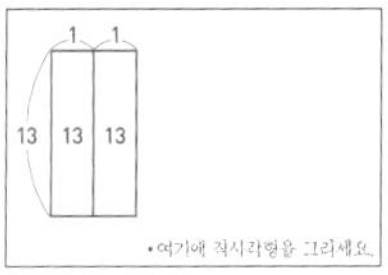

직사각형 이어 붙이기

➡ 곱셈식 : 13 × 2 = 26

26 은/는 13의 **배수** 입니다.

76

77쪽

약수와 배수의 관계는?

도전문제(5)

다음은 직사각형을 이용하여 약수와 배수의 관계를 알아보는 과정입니다.
직사각형을 그리고, 빈칸에 알맞은 숫자나 단어를 쓰세요.

1단계 한 변의 길이가 27이고 넓이가 81인 직사각형을 그리고, 곱셈식으로 나타내기

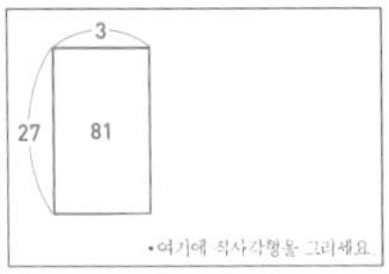

직사각형 그리기

➡ 곱셈식 : $27 \times 3 = 81$

27은 81의 약수 입니다.

2단계 한 변의 길이가 27이고 넓이가 27인 직사각형 3개를 이어 붙이고, 전체 넓이를 곱셈식으로 나타내기

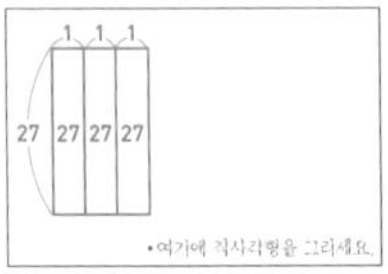

직사각형 이어 붙이기

➡ 곱셈식 : $27 \times 3 = 81$

81 은/는 27의 배수 입니다.

77

79쪽

약수와 배수의 관계는?

도전문제(1)

나눗셈식과 곱셈식으로 약수와 배수의 관계를 알아봅시다.
, ☐에 알맞은 수를, ▨에는 약수, 배수를 알맞게 쓰세요.

(1) $72 \div 8 = 9$

1단계 세로 나눗셈으로 나타내기 — 8)72, 몫 9, 72, 0
8과 9 은/는 72의 약수 입니다.

2단계 세로 곱셈으로 나타내기 — 8 × 9 = 72
72는 8과 9 의 배수 입니다.

(2) $42 \div 6 = 7$

1단계 세로 나눗셈으로 나타내기 — 6)42, 몫 7, 42, 0
6과 7 은/는 42의 약수 입니다.

2단계 세로 곱셈으로 나타내기 — 6 × 7 = 42
42는 6과 7 의 배수 입니다.

79

80쪽

약수와 배수의 관계는?

도전문제(2)

나눗셈식과 곱셈식으로 약수와 배수의 관계를 알아봅시다.
, ☐에 알맞은 수를, ▨에는 약수, 배수를 알맞게 쓰세요.

(1) $81 \div 9 = 9$

1단계 세로 나눗셈으로 나타내기 — 9)81, 몫 9, 81, 9
9 은/는 81의 약수입니다.

2단계 세로 곱셈으로 나타내기 — 9 × 9 = 81
81은 9 의 배수 입니다.

(2) $56 \div 7 = 8$

1단계 세로 나눗셈으로 나타내기 — 7)56, 몫 8, 56, 0
7과 8 은/는 56의 약수 입니다.

2단계 세로 곱셈으로 나타내기 — 8 × 7 = 56
56은 7과 8 의 배수 입니다.

80

81쪽

약수와 배수의 관계는?

도전문제(3)

나눗셈식과 곱셈식으로 약수와 배수의 관계를 알아봅시다.
, ☐에 알맞은 수를, ▨에는 약수, 배수를 알맞게 쓰세요.

(1) $48 \div 4 = 12$

1단계 세로 나눗셈으로 나타내기 — 4)48, 몫 12, 4, 8, 8, 0
4와 12 은/는 48의 약수 입니다.

2단계 세로 곱셈으로 나타내기 — 12 × 4 = 48
48은 4와 12 의 배수 입니다.

(2) $60 \div 5 = 12$

1단계 세로 나눗셈으로 나타내기 — 5)60, 몫 12, 5, 10, 10, 0
5와 12 은/는 60의 약수 입니다.

2단계 세로 곱셈으로 나타내기 — 12 × 5 = 60
60은 5와 12 의 배수 입니다.

81

82쪽

약수와 배수의 관계는?

도전문제(4)

나눗셈식과 곱셈식으로 약수와 배수의 관계를 알아봅시다.
□에 알맞은 수를, ▨에는 약수, 배수를 알맞게 쓰세요.

(1) 104 ÷ 13 = 8

1단계 세로 나눗셈으로 나타내기: 13)104 → 몫 8, 104, 나머지 0
13과 8 은/는 104의 약수 입니다.

2단계 세로 곱셈으로 나타내기: 8 × 13 = 104
104는 13과 8 의 배수 입니다.

(2) 111 ÷ 37 = 3

1단계 세로 나눗셈으로 나타내기: 37)111 → 몫 3, 111, 나머지 0
37과 3 은/는 111의 약수 입니다.

2단계 세로 곱셈으로 나타내기: 3 × 37 = 111
111은 37과 3 의 배수 입니다.

82

83쪽

약수와 배수의 관계는?

도전문제(5)

나눗셈식과 곱셈식으로 약수와 배수의 관계를 알아봅시다.
□에 알맞은 수를, ▨에는 약수, 배수를 알맞게 쓰세요.

(1) 150 ÷ 25 = 6

1단계 세로 나눗셈으로 나타내기: 25)150 → 몫 6, 150, 나머지 0
25와 6 은/는 150의 약수 입니다.

2단계 세로 곱셈으로 나타내기: 6 × 25 = 150
150은 25와 6 의 배수 입니다.

(2) 153 ÷ 17 = 9

1단계 세로 나눗셈으로 나타내기: 17)153 → 몫 9, 153, 나머지 0
17과 9 은/는 153의 약수 입니다.

2단계 세로 곱셈으로 나타내기: 9 × 17 = 153
153은 17과 9 의 배수 입니다.

83

84쪽

약수와 배수의 관계는?

도전문제(6)

나눗셈식과 곱셈식으로 약수와 배수의 관계를 알아봅시다.
□에 알맞은 수를, ▨에는 약수, 배수를 알맞게 쓰세요.

(1) 171 ÷ 19 = 9

1단계 세로 나눗셈으로 나타내기: 19)171 → 몫 9, 171, 나머지 0
19와 9 은/는 171의 약수 입니다.

2단계 세로 곱셈으로 나타내기: 9 × 19 = 171
171은 19와 9 의 배수 입니다.

(2) 270 ÷ 45 = 6

1단계 세로 나눗셈으로 나타내기: 45)270 → 몫 6, 270, 나머지 0
45와 6 은/는 270의 약수 입니다.

2단계 세로 곱셈으로 나타내기: 6 × 45 = 270
270은 45와 6 의 배수 입니다.

84

85쪽

약수와 배수의 관계는?

도전문제(7)

나눗셈식과 곱셈식으로 약수와 배수의 관계를 알아봅시다.
□에 알맞은 수를, ▨에는 약수, 배수를 알맞게 쓰세요.

(1) 280 ÷ 56 = 5

1단계 세로 나눗셈으로 나타내기: 56)280 → 몫 5, 280, 나머지 0
56과 5 은/는 280의 약수 입니다.

2단계 세로 곱셈으로 나타내기: 5 × 56 = 280
280은 56과 5 의 배수 입니다.

(2) 285 ÷ 57 = 5

1단계 세로 나눗셈으로 나타내기: 57)285 → 몫 5, 285, 나머지 0
57과 5 은/는 285의 약수 입니다.

2단계 세로 곱셈으로 나타내기: 5 × 57 = 285
285는 57과 5 의 배수 입니다.

85

86쪽

약수와 배수의 관계는?

도전문제(8)

나눗셈식과 곱셈식으로 약수와 배수의 관계를 알아봅시다.
, ( )에 알맞은 수를, 에는 약수, 배수를 알맞게 쓰세요.

(1) 102 ÷ 3 = 34

1단계 세로 나눗셈으로 나타내기

$$\begin{array}{r} 34 \\ 3\overline{)102} \\ \underline{9} \\ 12 \\ \underline{12} \\ 0 \end{array}$$

3과 34 은/는 102의 약수 입니다.

2단계 세로 곱셈으로 나타내기

$$\begin{array}{r} 34 \\ \times\ 3 \\ \hline 102 \end{array}$$

102는 3과 34 의 배수 입니다.

(2) 121 ÷ 11 = 11

1단계 세로 나눗셈으로 나타내기

$$\begin{array}{r} 11 \\ 11\overline{)121} \\ \underline{11} \\ 11 \\ \underline{11} \\ 0 \end{array}$$

11 은/는 121의 약수 입니다.

2단계 세로 곱셈으로 나타내기

$$\begin{array}{r} 11 \\ \times\ 11 \\ \hline 121 \end{array}$$

121은 11 의 배수 입니다.

86

87쪽

약수와 배수의 관계는?

도전문제(9)

나눗셈식과 곱셈식으로 약수와 배수의 관계를 알아봅시다.
, ( )에 알맞은 수를, 에는 약수, 배수를 알맞게 쓰세요.

(1) 180 ÷ 15 = 12

1단계 세로 나눗셈으로 나타내기

$$\begin{array}{r} 12 \\ 15\overline{)180} \\ \underline{15} \\ 30 \\ \underline{30} \\ 0 \end{array}$$

15와 12 은/는 180의 약수 입니다.

2단계 세로 곱셈으로 나타내기

$$\begin{array}{r} 12 \\ \times\ 15 \\ \hline 180 \end{array}$$

180은 15와 12 의 배수 입니다.

(2) 300 ÷ 20 = 15

1단계 세로 나눗셈으로 나타내기

$$\begin{array}{r} 15 \\ 20\overline{)300} \\ \underline{20} \\ 100 \\ \underline{100} \\ 0 \end{array}$$

20과 15 은/는 300의 약수 입니다.

2단계 세로 곱셈으로 나타내기

$$\begin{array}{r} 15 \\ \times\ 20 \\ \hline 300 \end{array}$$

300은 20과 15 의 배수 입니다.

87

88쪽

약수와 배수의 관계는?

도전문제(10)

나눗셈식과 곱셈식으로 약수와 배수의 관계를 알아봅시다.
, ( )에 알맞은 수를, 에는 약수, 배수를 알맞게 쓰세요.

(1) 287 ÷ 41 = 7

1단계 세로 나눗셈으로 나타내기

$$\begin{array}{r} 7 \\ 41\overline{)287} \\ \underline{287} \\ 0 \end{array}$$

41과 7 은/는 287의 약수 입니다.

2단계 세로 곱셈으로 나타내기

$$\begin{array}{r} 7 \\ \times\ 41 \\ \hline 287 \end{array}$$

287은 41과 7 의 배수 입니다.

(2) 333 ÷ 37 = 9

1단계 세로 나눗셈으로 나타내기

$$\begin{array}{r} 9 \\ 37\overline{)333} \\ \underline{333} \\ 0 \end{array}$$

37과 9 은/는 333의 약수 입니다.

2단계 세로 곱셈으로 나타내기

$$\begin{array}{r} 9 \\ \times\ 37 \\ \hline 333 \end{array}$$

333은 37과 9 의 배수 입니다.

88

89쪽

약수와 배수의 관계는?

연습문제(1)

직사각형의 변의 길이와 넓이의 관계를 이용하여 약수와 배수의 관계를 알아봅시다. 안에 약수, 배수를 알맞게 쓰세요.

① (가로 4, 세로 3, 넓이 12) 12는 3의 배수 , 12는 4의 배수

② (가로 9, 세로 8, 넓이 72) 72는 9의 배수 , 72는 8의 배수

③ (가로 8, 세로 4, 넓이 32) 32는 8의 배수 , 8은 32의 약수

④ (가로 9, 세로 6, 넓이 54) 9는 54의 약수 , 6은 54의 약수

89

90쪽

약수와 배수의 관계는?

연습문제(2)

직사각형의 변의 길이와 넓이의 관계를 이용하여 약수와 배수의 관계를 알아봅시다. 에는 숫자를, 에는 약수, 배수를 알맞게 쓰세요.

① 가로 10, 세로 3, 넓이 30
3은 30의 약수 ,
10 은/는 30의 약수

② 가로 9, 세로 5, 넓이 45
5는 45의 약수 ,
45는 9 의 배수

③ 가로 19, 세로 2, 넓이 38
38은 19의 배수 ,
2 은/는 38의 약수

④ 가로 2, 세로 23, 넓이 46
46은 2의 배수 ,
46은 23 의 배수

90

91쪽

약수와 배수의 관계는?

연습문제(3)

직사각형의 변의 길이와 넓이의 관계를 이용하여 약수와 배수의 관계를 알아봅시다. 에는 숫자를, 에는 약수, 배수를 알맞게 쓰세요.

① 가로 4, 세로 15, 넓이 60
15는 60의 약수 ,
4 은/는 60의 약수

② 가로 15, 세로 5, 넓이 75
5는 75의 약수 ,
75는 15 의 배수

③ 가로 8, 세로 12, 넓이 96
96은 8의 배수 ,
12 은/는 96의 약수

④ 가로 25, 세로 4, 넓이 100
100은 25의 배수 ,
100은 4 의 배수

91

92쪽

약수와 배수의 관계는?

연습문제(4)

다음 빈칸에 약수, 배수를 알맞게 쓰세요.

① 8 ÷ 4 = 2 ➡ 4는 8의 약수 , 8은 2의 배수

② 15 ÷ 3 = 5 ➡ 15는 3의 배수 , 3은 15의 약수

③ 16 ÷ 8 = 2 ➡ 8은 16의 약수 , 16은 2의 배수

④ 20 ÷ 4 = 5 ➡ 5는 20의 약수 , 20은 4의 배수

⑤ 25 ÷ 5 = 5 ➡ 25는 5의 배수 , 5는 25의 약수

⑥ 36 ÷ 9 = 4 ➡ 9는 36의 약수 , 36은 4의 배수

⑦ 48 ÷ 6 = 8 ➡ 48은 8의 배수 , 48은 6의 배수

⑧ 56 ÷ 8 = 7 ➡ 8은 56의 약수 , 7은 56의 약수

⑨ 121 ÷ 11 = 11 ➡ 11은 121의 약수 , 121은 11의 배수

⑩ 252 ÷ 12 = 21 ➡ 252는 12의 배수 , 252는 21의 배수

92

93쪽

약수와 배수의 관계는?

연습문제(5)

다음 빈칸에 약수, 배수를 알맞게 쓰세요.

① 9는 36의 약수 , 36은 12의 배수

② 15는 30의 약수 , 30은 15의 배수

③ 15는 60의 약수 , 30은 5의 배수

④ 25는 5의 배수 , 5는 25의 약수

⑤ 12는 6의 배수 , 72는 12의 배수

⑥ 11은 33의 약수 , 33은 99의 약수

⑦ 17은 34의 약수 , 17은 51의 약수

⑧ 19는 38의 약수 , 38은 1의 배수

⑨ 24는 8의 배수 , 24는 96의 약수

⑩ 39는 13의 배수 , 39는 3의 배수

⑪ 45는 135의 약수 , 45는 90의 약수

⑫ 100은 20의 배수 , 100은 300의 약수

93

94쪽

3 약수와 배수의 관계는?

연습문제(6)

( ) 안에서 알맞은 말에 ◯표 하세요.

① 15는 31의 (약수입니다 / 약수가 아닙니다).

② 32는 6의 (배수입니다 / 배수가 아닙니다).

③ 10은 35의 (약수입니다 / 약수가 아닙니다).

④ 25는 100의 (약수입니다 / 약수가 아닙니다).

⑤ 72는 14의 (배수입니다 / 배수가 아닙니다).

⑥ 13은 39의 (약수입니다 / 약수가 아닙니다).

⑦ 57은 13의 (배수입니다 / 배수가 아닙니다).

⑧ 24는 12의 (약수입니다 / 약수가 아닙니다).

⑨ 18은 36의 (배수입니다 / 배수가 아닙니다).

⑩ 28은 4의 (약수입니다 / 약수가 아닙니다).

⑪ 120은 300의 (약수입니다 / 약수가 아닙니다).

⑫ 999는 33의 (배수입니다 / 배수가 아닙니다).

94

99쪽

최대공약수와 최소공배수는 뭘까? 4

도전문제(2)

16과 24의 최대공약수와 공약수를 구하세요.

1단계 두 변의 길이가 16과 24인 직사각형 그리기

2단계 두 변 중에서 작은 변을 한 변으로 하는 정사각형 잘라 내기

3단계 남은 직사각형에서 정사각형만 남을 때까지 자르기

4단계 두 수의 최대공약수 구하기

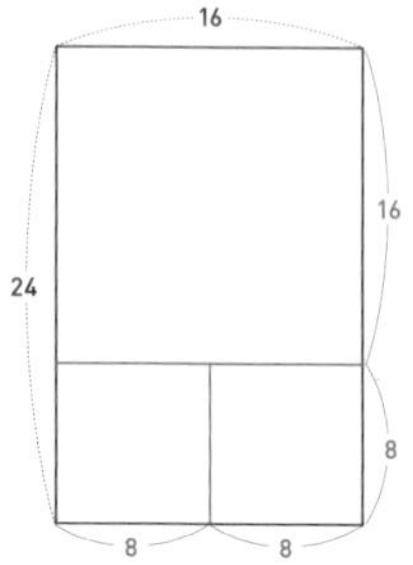

3단계에서 만든 정사각형의 한 변의 길이가 최대공약수야.

16과 24의 최대공약수 : 8

16과 24의 공약수 : 1, 2, 4, 8

최대공약수의 약수를 구하면 돼.

99

100쪽

4 최대공약수와 최소공배수는 뭘까?

도전문제(3)

24와 18의 최대공약수와 공약수를 구하세요.

1단계 두 변의 길이가 24와 18인 직사각형 그리기

2단계 두 변 중에서 작은 변을 한 변으로 하는 정사각형 잘라 내기

3단계 남은 직사각형에서 정사각형만 남을 때까지 자르기

4단계 두 수의 최대공약수 구하기

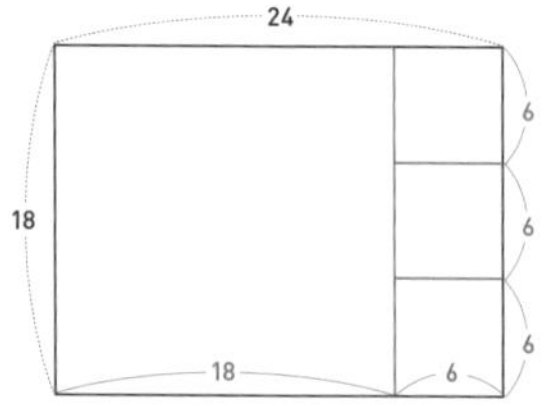

24와 18의 최대공약수 : 6

3단계에서 만든 정사각형의 한 변의 길이가 최대공약수야.

24와 18의 공약수 : 1, 2, 3, 6

최대공약수의 약수를 구하면 돼.

100

101쪽

최대공약수와 최소공배수는 뭘까? 4

도전문제(4)

32와 24의 최대공약수와 공약수를 구하세요.

1단계 두 변의 길이가 32와 24인 직사각형 그리기

2단계 두 변 중에서 작은 변을 한 변으로 하는 정사각형 잘라 내기

3단계 남은 직사각형에서 정사각형만 남을 때까지 자르기

4단계 두 수의 최대공약수 구하기

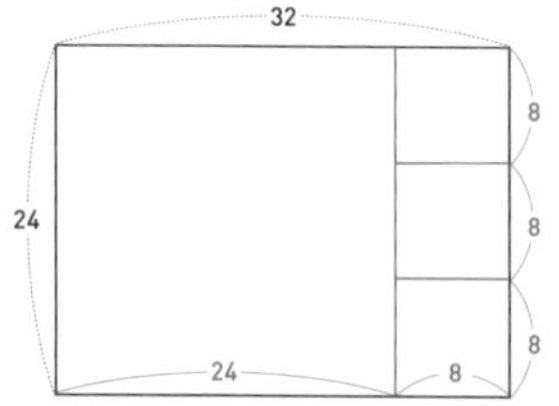

32와 24의 최대공약수 : 8

3단계에서 만든 정사각형의 한 변의 길이가 최대공약수야.

32와 24의 공약수 : 1, 2, 4, 8

최대공약수의 약수를 구하면 돼.

101

102쪽

최대공약수와 최소공배수는 뭘까?

도전문제(5)

32와 48의 최대공약수와 공약수를 구하세요.

1단계 두 변의 길이가 32와 48인 직사각형 그리기

2단계 두 변 중에서 작은 변을 한 변으로 하는 정사각형 잘라 내기

3단계 남은 직사각형에서 정사각형만 남을 때까지 자르기

4단계 두 수의 최대공약수 구하기

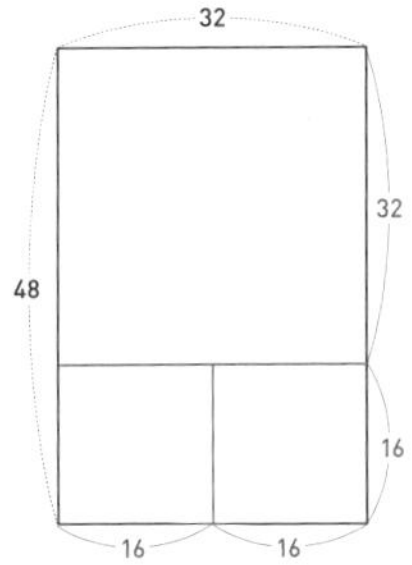

3단계에서 만든 정사각형의 한 변의 길이가 최대공약수야.

32와 48의 최대공약수 : 16

32와 48의 공약수 : 1, 2, 4, 8, 16

최대공약수의 약수를 구하면 돼.

102

103쪽

최대공약수와 최소공배수는 뭘까?

도전문제(6)

24와 36의 최대공약수와 공약수를 구하세요.

1단계 두 변의 길이가 24와 36인 직사각형 그리기

2단계 두 변 중에서 작은 변을 한 변으로 하는 정사각형 잘라 내기

3단계 남은 직사각형에서 정사각형만 남을 때까지 자르기

4단계 두 수의 최대공약수 구하기

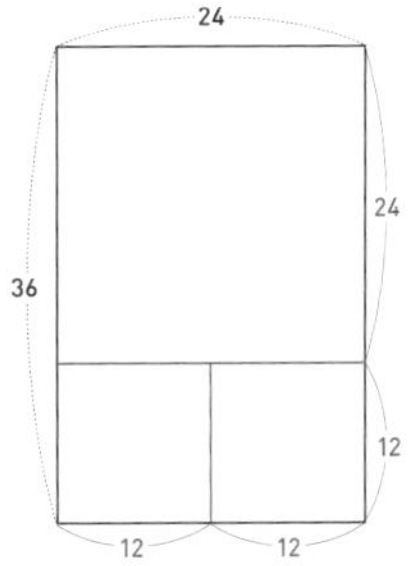

3단계에서 만든 정사각형의 한 변의 길이가 최대공약수야.

24와 36의 최대공약수 : 12

24와 36의 공약수 : 1, 2, 3, 4, 6, 12

최대공약수의 약수를 구하면 돼.

103

104쪽

최대공약수와 최소공배수는 뭘까?

도전문제(7)

32와 56의 최대공약수와 공약수를 구하세요.

1단계 두 변의 길이가 32와 56인 직사각형 그리기

2단계 두 변 중에서 작은 변을 한 변으로 하는 정사각형 잘라 내기

3단계 남은 직사각형에서 정사각형만 남을 때까지 자르기

4단계 두 수의 최대공약수 구하기

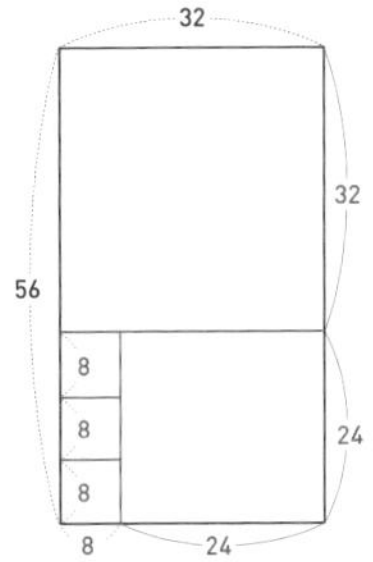

3단계에서 만든 정사각형의 한 변의 길이가 최대공약수야.

32와 56의 최대공약수 : 8

32와 56의 공약수 : 1, 2, 4, 8

최대공약수의 약수를 구하면 돼.

104

105쪽

최대공약수와 최소공배수는 뭘까?

도전문제(8)

15와 24의 최대공약수와 공약수를 구하세요.

1단계 두 변의 길이가 15와 24인 직사각형 그리기

2단계 두 변 중에서 작은 변을 한 변으로 하는 정사각형 잘라 내기

3단계 남은 직사각형에서 정사각형만 남을 때까지 자르기

4단계 두 수의 최대공약수 구하기

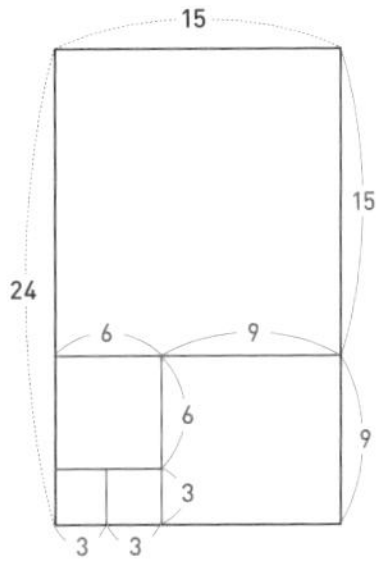

3단계에서 만든 정사각형의 한 변의 길이가 최대공약수야.

15와 24의 최대공약수 : 3

15와 24의 공약수 : 1, 3

최대공약수의 약수를 구하면 돼.

105

106쪽

4 최대공약수와 최소공배수는 뭘까?

도전문제(9)

30과 36의 최대공약수와 공약수를 구하세요.

1단계 두 변의 길이가 30과 36인 직사각형 그리기

2단계 두 변 중에서 작은 변을 한 변으로 하는 정사각형 잘라 내기

3단계 남은 직사각형에서 정사각형만 남을 때까지 자르기

4단계 두 수의 최대공약수 구하기

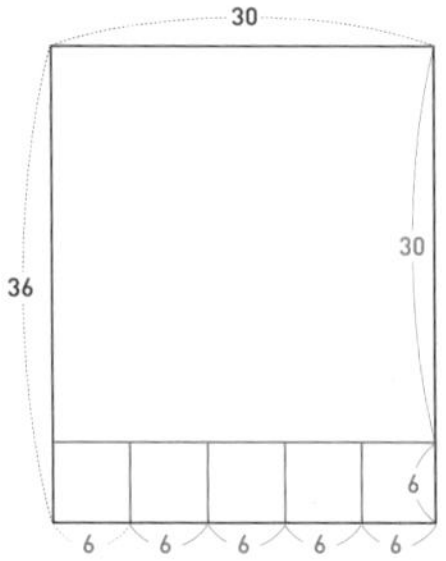

3단계에서 만든 정사각형의 한 변의 길이가 최대공약수야.

30과 36의 최대공약수 : 6

30과 36의 공약수 : 1, 2, 3, 6

최대공약수의 약수를 구하면 돼.

107쪽

최대공약수와 최소공배수는 뭘까? 4

도전문제(10)

25와 100의 최대공약수와 공약수를 구하세요.

1단계 두 변의 길이가 25와 100인 직사각형 그리기

2단계 두 변 중에서 작은 변을 한 변으로 하는 정사각형 잘라 내기

3단계 남은 직사각형에서 정사각형만 남을 때까지 자르기

4단계 두 수의 최대공약수 구하기

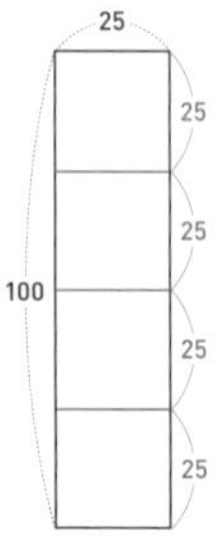

3단계에서 만든 정사각형의 한 변의 길이가 최대공약수야.

25와 100의 최대공약수 : 25

25와 100의 공약수 : 1, 5, 25

최대공약수의 약수를 구하면 돼.

111쪽

최대공약수와 최소공배수는 뭘까? 4

도전문제(2)

다음은 두 수의 최소공배수를 구하는 과정입니다.
각 단계에 따라 그림을 그리고, 빈칸을 채우세요.

1단계 두 변의 길이가 12와 30인 직사각형 그리기

2단계 이 직사각형을 계속 이어 붙여서 정사각형 모양을 만들기

3단계 처음의 직사각형을 이어 붙여서 만들 수 있는 가장 작은 정사각형의 한 변의 길이 구하기

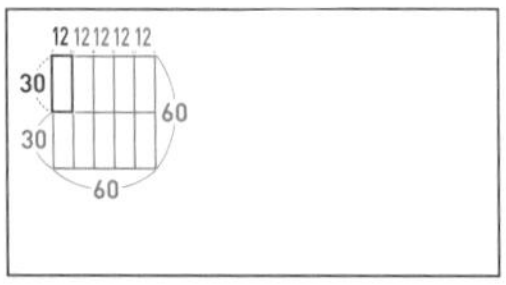

12와 30의 최소공배수 : 60

4단계 계속해서 더 큰 정사각형 2개를 만들기

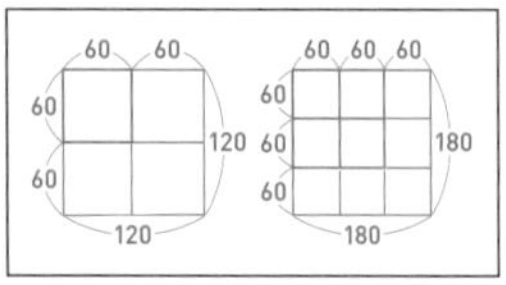

12와 30의 공배수 (작은 수부터 3개) : 60, 120, 180

112쪽

4 최대공약수와 최소공배수는 뭘까?

도전문제(3)

다음은 두 수의 최소공배수를 구하는 과정입니다.
각 단계에 따라 그림을 그리고, 빈칸을 채우세요.

1단계 두 변의 길이가 18과 24인 직사각형 그리기

2단계 이 직사각형을 계속 이어 붙여서 정사각형 모양을 만들기

3단계 처음의 직사각형을 이어 붙여서 만들 수 있는 가장 작은 정사각형의 한 변의 길이 구하기

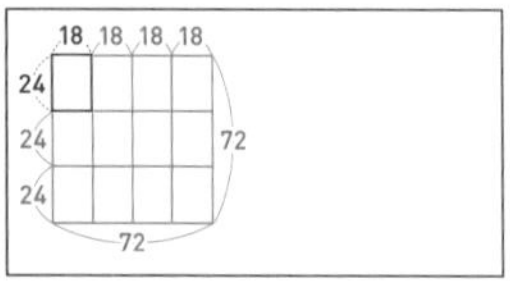

18과 24의 최소공배수 : 72

4단계 계속해서 더 큰 정사각형 2개를 만들기

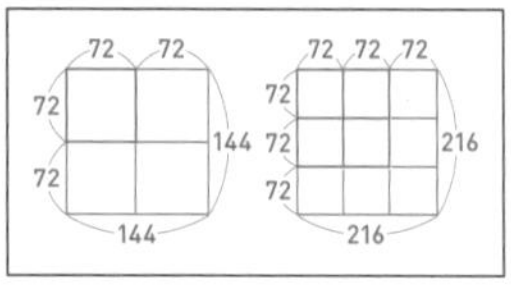

18과 24의 공배수 (작은 수부터 3개) : 72, 144, 216

113쪽

최대공약수와 최소공배수는 뭘까?

도전문제(4)

다음은 두 수의 최소공배수를 구하는 과정입니다.
각 단계에 따라 그림을 그리고, 빈칸을 채우세요.

1단계 두 변의 길이가 32와 48인 직사각형 그리기

2단계 이 직사각형을 계속 이어 붙여서 정사각형 모양을 만들기

3단계 처음의 직사각형을 이어 붙여서 만들 수 있는 가장 작은 정사각형의 한 변의 길이 구하기

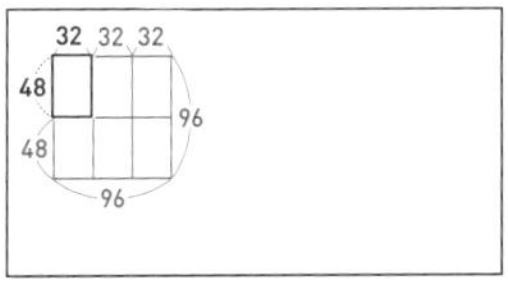

32와 48의 최소공배수 : 96

4단계 계속해서 더 큰 정사각형 2개를 만들기

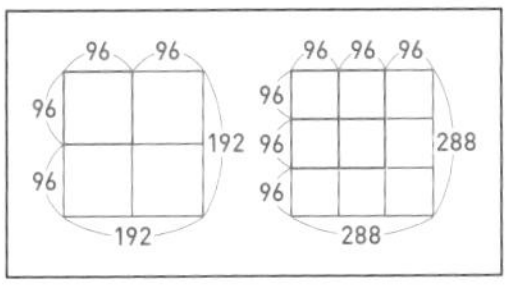

32와 48의 공배수 (작은 수부터 3개) : 96, 192, 288

114쪽

최대공약수와 최소공배수는 뭘까?

도전문제(5)

다음은 두 수의 최소공배수를 구하는 과정입니다.
각 단계에 따라 그림을 그리고, 빈칸을 채우세요.

1단계 두 변의 길이가 24와 32인 직사각형 그리기

2단계 이 직사각형을 계속 이어 붙여서 정사각형 모양을 만들기

3단계 처음의 직사각형을 이어 붙여서 만들 수 있는 가장 작은 정사각형의 한 변의 길이 구하기

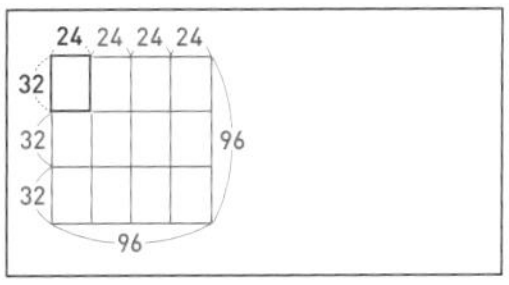

24와 32의 최소공배수 : 96

4단계 계속해서 더 큰 정사각형 2개를 만들기

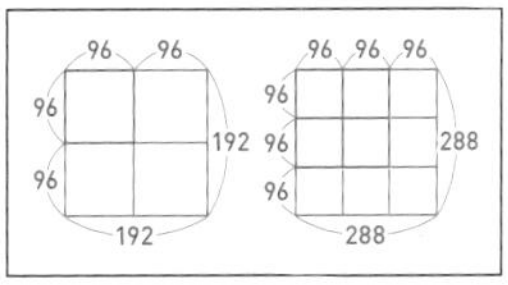

24와 32의 공배수 (작은 수부터 3개) : 96, 192, 288

115쪽

최대공약수와 최소공배수는 뭘까?

도전문제(6)

다음은 두 수의 최소공배수를 구하는 과정입니다.
각 단계에 따라 그림을 그리고, 빈칸을 채우세요.

1단계 두 변의 길이가 16과 24인 직사각형 그리기

2단계 이 직사각형을 계속 이어 붙여서 정사각형 모양을 만들기

3단계 처음의 직사각형을 이어 붙여서 만들 수 있는 가장 작은 정사각형의 한 변의 길이 구하기

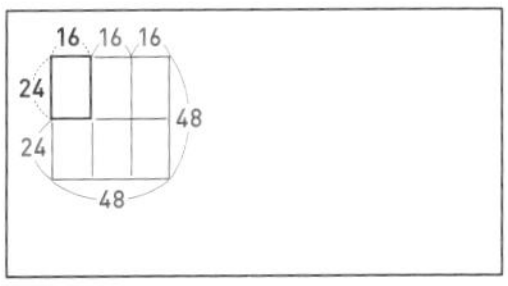

16과 24의 최소공배수 : 48

4단계 계속해서 더 큰 정사각형 2개를 만들기

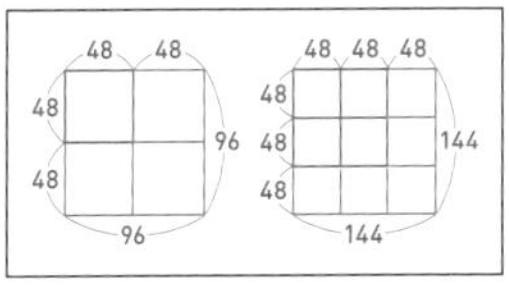

16과 24의 공배수 (작은 수부터 3개) : 48, 96, 144

116쪽

최대공약수와 최소공배수는 뭘까?

도전문제(7)

다음은 두 수의 최소공배수를 구하는 과정입니다.
각 단계에 따라 그림을 그리고, 빈칸을 채우세요.

1단계 두 변의 길이가 32와 40인 직사각형 그리기

2단계 이 직사각형을 계속 이어 붙여서 정사각형 모양을 만들기

3단계 처음의 직사각형을 이어 붙여서 만들 수 있는 가장 작은 정사각형의 한 변의 길이 구하기

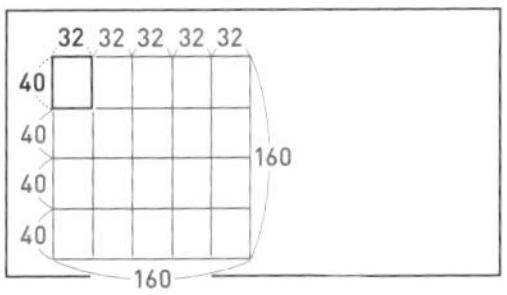

32와 40의 최소공배수 : 160

4단계 계속해서 더 큰 정사각형 2개를 만들기

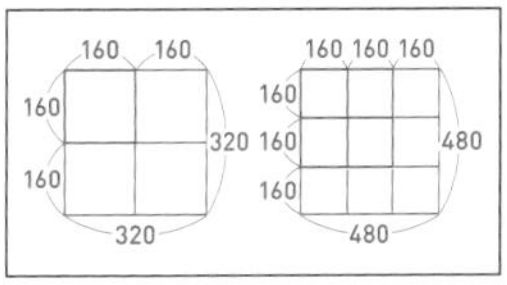

32와 40의 공배수 (작은 수부터 3개) : 160, 320, 480

117쪽

최대공약수와 최소공배수는 뭘까?

도전문제(8)

다음은 두 수의 최소공배수를 구하는 과정입니다.
각 단계에 따라 그림을 그리고, 빈칸을 채우세요.

1단계 두 변의 길이가 24와 36인 직사각형 그리기

2단계 이 직사각형을 계속 이어 붙여서 정사각형 모양을 만들기

3단계 처음의 직사각형을 이어 붙여서 만들 수 있는 가장 작은 정사각형의 한 변의 길이 구하기

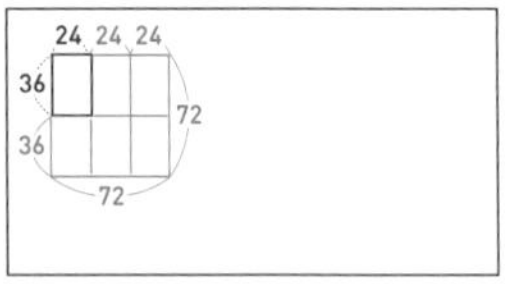

24와 36의 최소공배수 : 72

4단계 계속해서 더 큰 정사각형 2개를 만들기

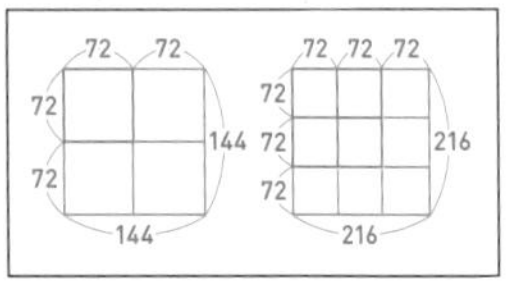

24와 36의 공배수 (작은 수부터 3개) : 72, 144, 216

118쪽

최대공약수와 최소공배수는 뭘까?

도전문제(9)

다음은 두 수의 최소공배수를 구하는 과정입니다.
각 단계에 따라 그림을 그리고, 빈칸을 채우세요.

1단계 두 변의 길이가 4와 5인 직사각형 그리기

2단계 이 직사각형을 계속 이어 붙여서 정사각형 모양을 만들기

3단계 처음의 직사각형을 이어 붙여서 만들 수 있는 가장 작은 정사각형의 한 변의 길이 구하기

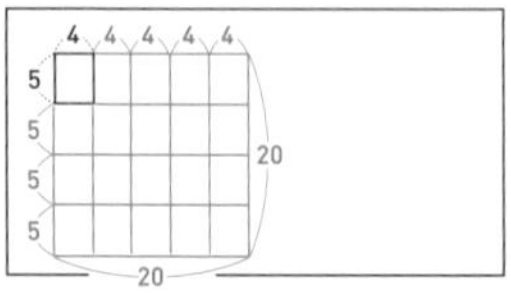

4와 5의 최소공배수 : 20

4단계 계속해서 더 큰 정사각형 2개를 만들기

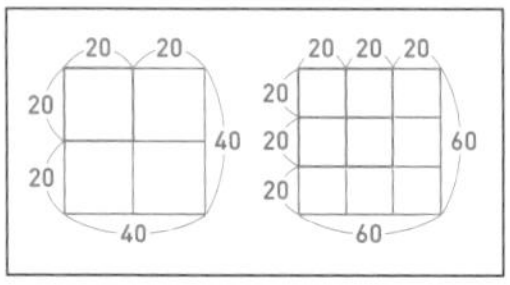

4와 5의 공배수 (작은 수부터 3개) : 20, 40, 60

119쪽

최대공약수와 최소공배수는 뭘까?

도전문제(10)

다음은 두 수의 최소공배수를 구하는 과정입니다.
각 단계에 따라 그림을 그리고, 빈칸을 채우세요.

1단계 두 변의 길이가 25와 100인 직사각형 그리기

2단계 이 직사각형을 계속 이어 붙여서 정사각형 모양을 만들기

3단계 처음의 직사각형을 이어 붙여서 만들 수 있는 가장 작은 정사각형의 한 변의 길이 구하기

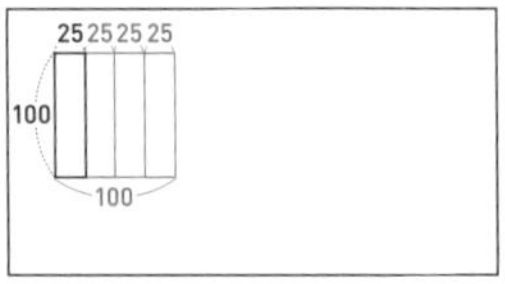

25와 100의 최소공배수 : 100

4단계 계속해서 더 큰 정사각형 2개를 만들기

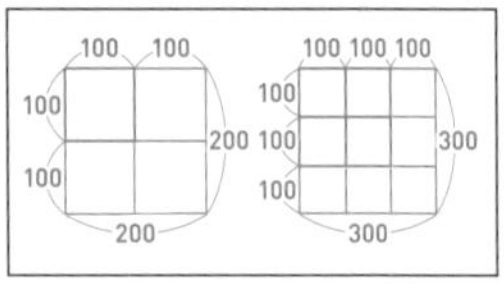

25와 100의 공배수 (작은 수부터 3개) : 100, 200, 300

123쪽

최대공약수와 최소공배수는 뭘까?

도전문제(2)

다음은 두 수의 최대공약수와 최소공배수를 구하는 과정입니다.
각 단계에 따라 그림을 그리고, 빈칸을 채우세요.

1단계 두 변의 길이가 6과 9인 직사각형 이용하기

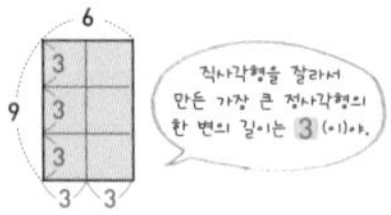

2단계 세로 나눗셈을 사용해서 6과 9의 최대공약수 구하기

$$3\,\underline{)\;6\quad 9}$$
$$\quad\;\; 2\quad 3$$

↑ 최대공약수

3단계 직사각형을 사용해서 6과 9의 최소공배수 구하기

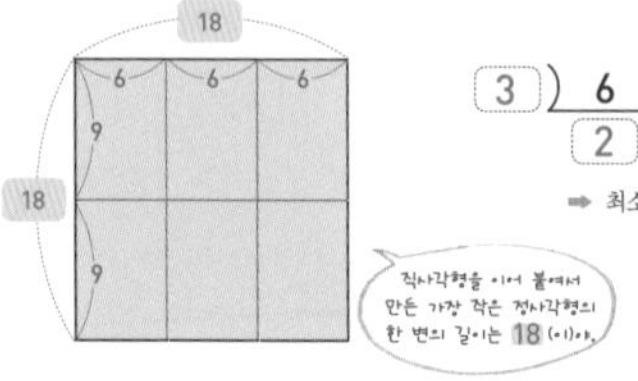

4단계 세로 나눗셈을 사용해서 6과 9의 최소공배수 구하기

$$3\,\underline{)\;6\quad 9}$$
$$\quad\;\; 2\quad 3$$

➡ 최소공배수 18

124쪽

최대공약수와 최소공배수는 뭘까?

도전문제(3)

다음은 두 수의 최대공약수와 최소공배수를 구하는 과정입니다.
각 단계에 따라 그림을 그리고, 빈칸을 채우세요.

1단계 두 변의 길이가 10과 15인 직사각형 이용하기

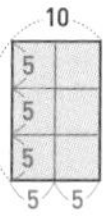

직사각형을 잘라서 만든 가장 큰 정사각형의 한 변의 길이는 5 (이)야.

2단계 세로 나눗셈을 사용해서 10과 15의 최대공약수 구하기

5) 10 15
　　 2　3

↑ 최대공약수

3단계 직사각형을 사용해서 10과 15의 최소공배수 구하기

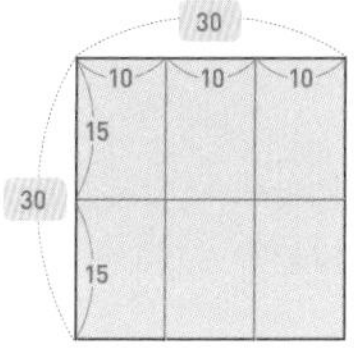

직사각형을 이어 붙여서 만든 가장 작은 정사각형의 한 변의 길이는 30 (이)야.

4단계 세로 나눗셈을 사용해서 10과 15의 최소공배수 구하기

5) 10 15
　　 2　3

➡ 최소공배수 30

124

125쪽

최대공약수와 최소공배수는 뭘까?

도전문제(4)

다음은 두 수의 최대공약수와 최소공배수를 구하는 과정입니다.
각 단계에 따라 그림을 그리고, 빈칸을 채우세요.

1단계 두 변의 길이가 12와 18인 직사각형 이용하기

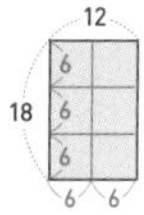

직사각형을 잘라서 만든 가장 큰 정사각형의 한 변의 길이는 6 (이)야.

2단계 세로 나눗셈을 사용해서 12와 18의 최대공약수 구하기

6) 12 18
　　 2　3

↑ 최대공약수

3단계 직사각형을 사용해서 12와 18의 최소공배수 구하기

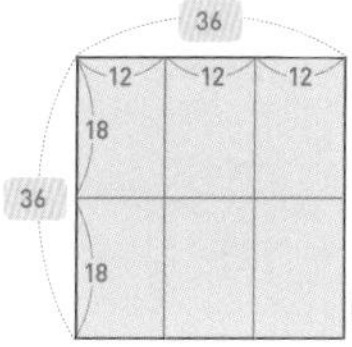

직사각형을 이어 붙여서 만든 가장 작은 정사각형의 한 변의 길이는 36 (이)야.

4단계 세로 나눗셈을 사용해서 12와 18의 최소공배수 구하기

6) 12 18
　　 2　3

➡ 최소공배수 36

125

126쪽

최대공약수와 최소공배수는 뭘까?

도전문제(5)

다음은 두 수의 최대공약수와 최소공배수를 구하는 과정입니다.
각 단계에 따라 그림을 그리고, 빈칸을 채우세요.

1단계 두 변의 길이가 16과 20인 직사각형 이용하기

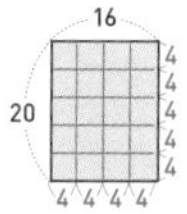

직사각형을 잘라서 만든 가장 큰 정사각형의 한 변의 길이는 4 (이)야.

2단계 세로 나눗셈을 사용해서 16과 20의 최대공약수 구하기

4) 16 20
　　 4　5

↑ 최대공약수

3단계 직사각형을 사용해서 16과 20의 최소공배수 구하기

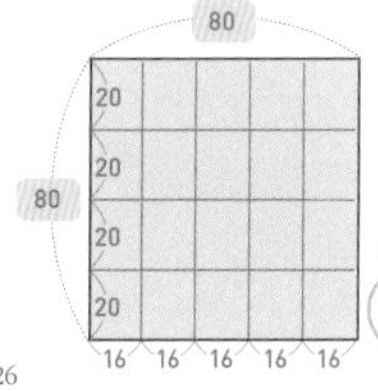

직사각형을 이어 붙여서 만든 가장 작은 정사각형의 한 변의 길이는 80 (이)야.

4단계 세로 나눗셈을 사용해서 16과 20의 최소공배수 구하기

4) 16 20
　　 4　5

➡ 최소공배수 80

126

127쪽

최대공약수와 최소공배수는 뭘까?

도전문제(6)

다음은 두 수의 최대공약수와 최소공배수를 구하는 과정입니다.
각 단계에 따라 그림을 그리고, 빈칸을 채우세요.

1단계 두 변의 길이가 18과 27인 직사각형 이용하기

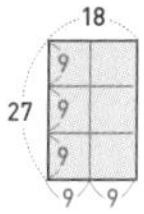

직사각형을 잘라서 만든 가장 큰 정사각형의 한 변의 길이는 9 (이)야.

2단계 세로 나눗셈을 사용해서 18과 27의 최대공약수 구하기

9) 18 27
　　 2　3

↑ 최대공약수

3단계 직사각형을 사용해서 18과 27의 최소공배수 구하기

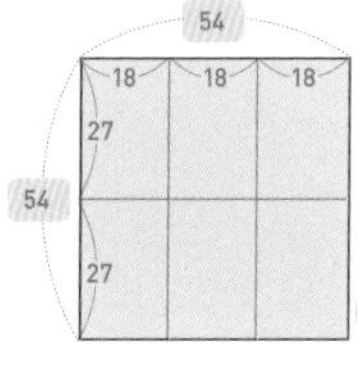

직사각형을 이어 붙여서 만든 가장 작은 정사각형의 한 변의 길이는 54 (이)야.

4단계 세로 나눗셈을 사용해서 18과 27의 최소공배수 구하기

9) 18 27
　　 2　3

➡ 최소공배수 54

127

128쪽

최대공약수와 최소공배수는 뭘까?

도전문제(7)

다음은 두 수의 최대공약수와 최소공배수를 구하는 과정입니다.
각 단계에 따라 그림을 그리고, 빈칸을 채우세요.

1단계 두 변의 길이가 9와 12인 직사각형 이용하기

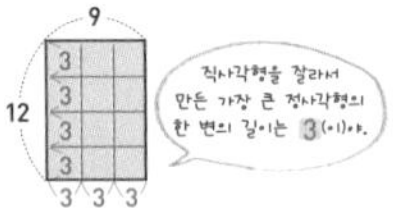

2단계 세로 나눗셈을 사용해서 9와 12의 최대공약수 구하기

3) 9 12
　 3 4

↑ 최대공약수

3단계 직사각형을 사용해서 9와 12의 최소공배수 구하기

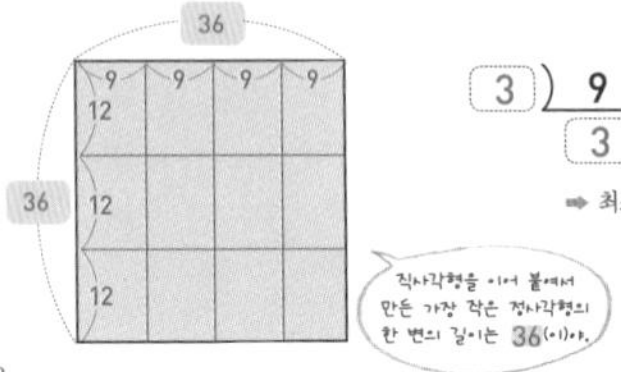

4단계 세로 나눗셈을 사용해서 9와 12의 최소공배수 구하기

3) 9 12
　 3 4

➡ 최소공배수 36

128

129쪽

최대공약수와 최소공배수는 뭘까?

도전문제(8)

다음은 두 수의 최대공약수와 최소공배수를 구하는 과정입니다.
각 단계에 따라 그림을 그리고, 빈칸을 채우세요.

1단계 두 변의 길이가 14와 21인 직사각형 이용하기

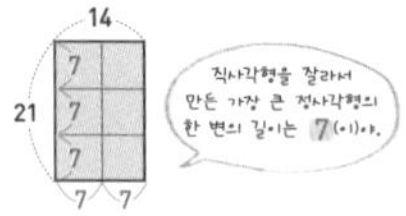

2단계 세로 나눗셈을 사용해서 14와 21의 최대공약수 구하기

7) 14 21
　 2 3

↑ 최대공약수

3단계 직사각형을 사용해서 14와 21의 최소공배수 구하기

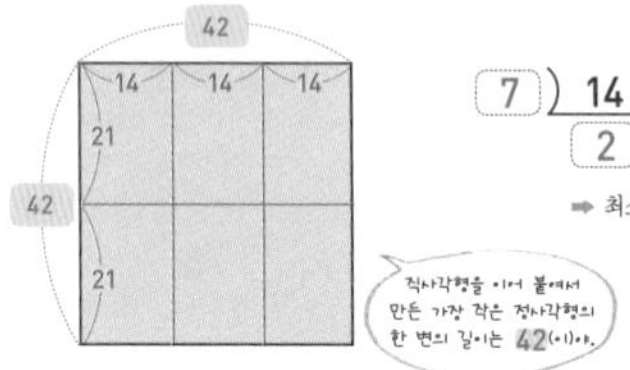

4단계 세로 나눗셈을 사용해서 14와 21의 최소공배수 구하기

7) 14 21
　 2 3

➡ 최소공배수 42

129

130쪽

최대공약수와 최소공배수는 뭘까?

도전문제(9)

다음은 두 수의 최대공약수와 최소공배수를 구하는 과정입니다.
각 단계에 따라 그림을 그리고, 빈칸을 채우세요.

1단계 두 변의 길이가 15와 25인 직사각형 이용하기

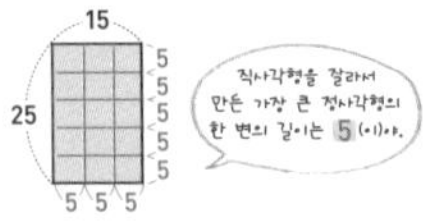

2단계 세로 나눗셈을 사용해서 15와 25의 최대공약수 구하기

5) 15 25
　 3 5

↑ 최대공약수

3단계 직사각형을 사용해서 15와 25의 최소공배수 구하기

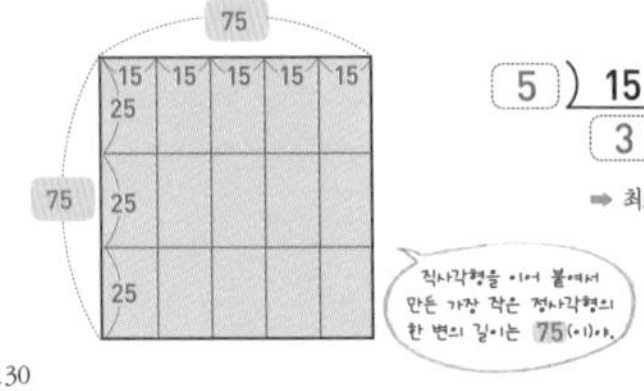

4단계 세로 나눗셈을 사용해서 15와 25의 최소공배수 구하기

5) 15 25
　 3 5

➡ 최소공배수 75

130

131쪽

최대공약수와 최소공배수는 뭘까?

도전문제(10)

다음은 두 수의 최대공약수와 최소공배수를 구하는 과정입니다.
각 단계에 따라 그림을 그리고, 빈칸을 채우세요.

1단계 두 변의 길이가 24와 56인 직사각형 이용하기

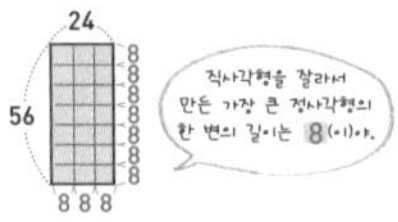

2단계 세로 나눗셈을 사용해서 24와 56의 최대공약수 구하기

8) 24 56
　 3 7

↑ 최대공약수

3단계 직사각형을 사용해서 24와 56의 최소공배수 구하기

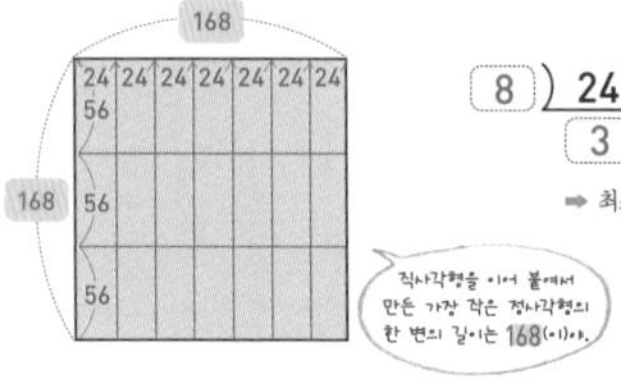

4단계 세로 나눗셈을 사용해서 24와 56의 최소공배수 구하기

8) 24 56
　 3 7

➡ 최소공배수 168

131

134쪽

최대공약수와 최소공배수는 뭘까?

도전문제(1)

다음은 하나의 수를 여러 수의 곱으로 나타내는 과정입니다.
세로 나눗셈을 한 다음 빈칸에 알맞은 수를 쓰세요.

① 2) 4 → 2 ➡ 4 = 2 × 2

② 2) 6 → 3 ➡ 6 = 2 × 3

③ 2) 8, 2) 4 → 2 ➡ 8 = 2 × 2 × 2

④ 3) 9 → 3 ➡ 9 = 3 × 3

⑤ 2) 10 → 5 ➡ 10 = 2 × 5

134

135쪽

최대공약수와 최소공배수는 뭘까?

도전문제(2)

다음은 하나의 수를 여러 수의 곱으로 나타내는 과정입니다.
세로 나눗셈을 한 다음 빈칸에 알맞은 수를 쓰세요.

① 2) 12, 2) 6 → 3 ➡ 12 = 2 × 2 × 3

② 2) 14 → 7 ➡ 14 = 2 × 7

③ 3) 15 → 5 ➡ 15 = 3 × 5

④ 2) 16, 2) 8, 2) 4 → 2 ➡ 16 = 2 × 2 × 2 × 2

135

136쪽

최대공약수와 최소공배수는 뭘까?

도전문제(3)

다음은 하나의 수를 여러 수의 곱으로 나타내는 과정입니다.
세로 나눗셈을 한 다음 빈칸에 알맞은 수를 쓰세요.

① 2) 18, 3) 9 → 3 ➡ 18 = 2 × 3 × 3

② 2) 20, 2) 10 → 5 ➡ 20 = 2 × 2 × 5

③ 3) 21 → 7 ➡ 21 = 3 × 7

④ 2) 24, 2) 12, 2) 6 → 3 ➡ 24 = 2 × 2 × 2 × 3

136

137쪽

최대공약수와 최소공배수는 뭘까?

도전문제(4)

다음은 하나의 수를 여러 수의 곱으로 나타내는 과정입니다.
세로 나눗셈을 한 다음 빈칸에 알맞은 수를 쓰세요.

① 3) 27, 3) 9 → 3 ➡ 27 = 3 × 3 × 3

② 2) 28, 2) 14 → 7 ➡ 28 = 2 × 2 × 7

③ 2) 30, 3) 15 → 5 ➡ 30 = 2 × 3 × 5

④ 2) 32, 2) 16, 2) 8, 2) 4 → 2 ➡ 32 = 2 × 2 × 2 × 2 × 2

137

138쪽

최대공약수와 최소공배수는 뭘까?

도전문제(5)

다음은 여러 수의 곱으로 나타낸 수의 나눗셈을 한 번에 하는 과정입니다. 빈칸에 알맞은 수를 쓰세요.

(예)
- 2) 2×2 → 2
- 2) 2×3 → 3
- 2) 2×2 2×3 → 2 3

①
- 7) 2×7 → 2
- 7) 3×7 → 3
- 7) 2×7 3×7 → 2 3

②
- 5) 2×5 → 2
- 5) 5×7 → 7
- 5) 2×5 5×7 → 2 7

138

139쪽

최대공약수와 최소공배수는 뭘까?

도전문제(6)

다음은 여러 수의 곱으로 나타낸 수의 나눗셈을 한 번에 하는 과정입니다. 빈칸에 알맞은 수를 쓰세요.

①
- 3) 3×3 → 3
- 3) 3×11 → 11
- 3) 3×3 3×11 → 3 11

②
- 5) 5×7 → 7
- 5) 3×5 → 3
- 5) 5×7 3×5 → 7 3

③
- 2) 7×2 → 7
- 2) 2×13 → 13
- 2) 7×2 2×13 → 7 13

139

141쪽

최대공약수와 최소공배수는 뭘까?

(1) 15와 21

1단계 하나의 수를 여러 수의 곱으로 나타내기
- 3) 3×5 → 5
- 3) 3×7 → 7

2단계 두 수를 하나의 세로 나눗셈으로 나타내기
- 3) 3×5 3×7 → 5 7

3단계 두 수의 최대공약수 찾기 : 3
두 수의 최소공배수 찾기 : 3 × 5 × 7 = 105

(2) 55와 65

1단계 하나의 수를 여러 수의 곱으로 나타내기
- 5) 5×11 → 11
- 5) 5×13 → 13

2단계 두 수를 하나의 세로 나눗셈으로 나타내기
- 5) 5×11 5×13 → 11 13

3단계 두 수의 최대공약수 찾기 : 5
두 수의 최소공배수 찾기 : 5 × 11 × 13 = 715

141

142쪽

최대공약수와 최소공배수는 뭘까?

(3) 20과 28

1단계 하나의 수를 여러 수의 곱으로 나타내기
- 2) 2×2×5 → 2) 2×5 → 5
- 2) 2×2×7 → 2) 2×7 → 7

2단계 두 수를 하나의 세로 나눗셈으로 나타내기
- 2) 2×2×5 2×2×7 → 2) 2×5 2×7 → 5 7

3단계 두 수의 최대공약수 찾기 : 2 × 2 = 4
두 수의 최소공배수 찾기 : 2 × 2 × 5 × 7 = 140

(4) 30과 42

1단계 하나의 수를 여러 수의 곱으로 나타내기
- 2) 2×3×5 → 3) 3×5 → 5
- 2) 2×3×7 → 3) 3×7 → 7

2단계 두 수를 하나의 세로 나눗셈으로 나타내기
- 2) 2×3×5 2×3×7 → 3) 3×5 3×7 → 5 7

3단계 두 수의 최대공약수 찾기 : 2 × 3 = 6
두 수의 최소공배수 찾기 : 2 × 3 × 5 × 7 = 210

142

143쪽

최대공약수와 최소공배수는 뭘까?

(5) 8과 66

1단계 하나의 수를 여러 수의 곱으로 나타내기

2) 2×4 → 4　　2) 2×33 → 33

2단계 두 수를 하나의 세로 나눗셈으로 나타내기

2) 2×4　2×33 → 4　33

3단계 두 수의 최대공약수 찾기 : 2

두 수의 최소공배수 찾기 : 2 × 4 × 33 = 264

(6) 27과 165

1단계 하나의 수를 여러 수의 곱으로 나타내기

3) 3×9 → 9　　3) 3×55 → 55

2단계 두 수를 하나의 세로 나눗셈으로 나타내기

3) 3×9　3×55 → 9　55

3단계 두 수의 최대공약수 찾기 : 3

두 수의 최소공배수 찾기 : 3 × 9 × 55 = 1485

143

144쪽

최대공약수와 최소공배수는 뭘까?

연습문제(1)

다음 빈칸에 알맞은 수를 쓰세요.

① 3) 3×7×11　3×7×15
7) 7×11　7×15
11　15

② 2) 2×2×13　2×2×5
2) 2×13　2×5
13　5

③ 5) 5×7×9　5×7×7
7) 7×9　7×7
9　7

④ 2) 2×2×2　2×2×9
2) 2×2　2×9
2　9

144

145쪽

최대공약수와 최소공배수는 뭘까?

연습문제(2)

다음 빈칸에 알맞은 수를 쓰세요.

① 3) 3　12
1　4

② 3) 3　15
1　5

③ 2) 18　12
3) 9　6
3　2

④ 3) 15　30
5) 5　10
1　2

⑤ 2) 14　70
7) 7　35
1　5

⑥ 3) 15　45
5) 5　15
1　3

⑦ 2) 8　12
2) 4　6
2　3

⑧ 2) 12　20
2) 6　10
3　5

145

146쪽

최대공약수와 최소공배수는 뭘까?

연습문제(3)

다음 빈칸에 알맞은 수를 쓰세요.

① 5) 25　30
5　6

② 3) 60　27
20　9

③ 2) 30　48
3) 15　24
5　8

④ 3) 18　27
3) 6　9
2　3

⑤ 2) 6　24
3) 3　12
1　4

⑥ 3) 18　45
3) 6　15
2　5

⑦ 2) 8　16
2) 4　8
2) 2　4
1　2

⑧ 3) 63　315
3) 21　105
7) 7　35
1　5

146

147쪽

최대공약수와 최소공배수는 뭘까?

연습문제(4)

다음 빈칸에 알맞은 수를 쓰세요.

① 2) 12 28
2) 6 14
3 7

② 2) 18 48
3) 9 24
3 8

③ 5) 35 70
7) 7 14
1 2

④ 3) 15 90
5) 5 30
1 6

⑤ 5) 35 105
7) 7 21
1 3

⑥ 2) 10 50
5) 5 25
1 5

⑦ 2) 30 42
3) 15 21
5 7

⑧ 2) 42 70
7) 21 35
3 5

147

148쪽

최대공약수와 최소공배수는 뭘까?

연습문제(5)

다음 빈칸에 알맞은 수를 쓰세요.

① 3) 39 51
13 17

② 2) 22 32
11 16

③ 2) 16 20
2) 8 10
4 5

④ 2) 28 70
7) 14 35
2 5

⑤ 3) 27 36
3) 9 12
3 4

⑥ 3) 30 45
5) 10 15
2 3

⑦ 2) 60 24
2) 30 12
3) 15 6
5 2

⑧ 2) 90 36
3) 45 18
3) 15 6
5 2

148

149쪽

최대공약수와 최소공배수는 뭘까?

연습문제(6)

다음 빈칸에 알맞은 수를 쓰세요.

① 3) 12 15
4 5
최대공약수 : 3
최소공배수 : 3 × 4 × 5
= 60

② 5) 20 15
4 3
최대공약수 : 5
최소공배수 : 5 × 4 × 3
= 60

③ 2) 8 20
2) 4 10
2 5
최대공약수 : 2 × 2 = 4
최소공배수 : 2 × 2 × 2
× 5 = 40

④ 3) 9 27
3) 3 9
1 3
최대공약수 : 3 × 3 = 9
최소공배수 : 3 × 3 × 1
× 3 = 27

⑤ 7) 21 28
3 4
최대공약수 : 7
최소공배수 : 7 × 3 × 4
= 84

⑥ 5) 15 25
3 5
최대공약수 : 5
최소공배수 : 5 × 3 × 5
= 75

149

150쪽

최대공약수와 최소공배수는 뭘까?

연습문제(7)

다음 빈칸에 알맞은 수를 쓰세요.

① 3) 9 12
3 4
➡ 최대공약수 : 3
최소공배수 : 36

② 3) 6 15
2 5
➡ 최대공약수 : 3
최소공배수 : 30

③ 2) 18 24
3) 9 12
3 4
➡ 최대공약수 : 6
최소공배수 : 72

④ 2) 24 40
2) 12 20
2) 6 10
3 5
➡ 최대공약수 : 8
최소공배수 : 120

150

151쪽

최대공약수와 최소공배수는 뭘까?

연습문제(8)

다음 빈칸에 알맞은 수를 쓰세요.

①

2) 2×2×3　2×2×7
2) 2×3　2×7
　3　7

➡ 최대공약수 : 4
최소공배수 : 84

②

2) 2×3×5　2×3×9
3) 3×5　3×9
　5　9

➡ 최대공약수 : 6
최소공배수 : 270

③

2) 18　108
3) 9　54
3) 3　18
　1　6

➡ 최대공약수 : 18
최소공배수 : 108

④

2) 48　72
2) 24　36
2) 12　18
3) 6　9
　2　3

➡ 최대공약수 : 24
최소공배수 : 144

151